Abel, Dirk

Petri Netze für Ingenieure

Dirk Abel

Petri-Netze für Ingenieure

Modellbildung und Analyse
diskret gesteuerter Systeme

Springer-Verlag
Berlin Heidelberg NewYork London
Paris Tokyo Hong Kong Barcelona 1990

Dr.-Ing. Dirk Abel
Institut für Regelungstechnik
RWTH Aachen
Steinbachstraße 54
5100 Aachen

ISBN-13: 978-3-642-95603-4   e-ISBN-13: 978-3-642-95602-7
DOI: 10.1007/978-3-642-95602-7

CIP-Titelaufnahme der Deutschen Bibliothek
Abel, Dirk:
Petri-Netze für Ingenieure : Modellbildung und Analyse diskret gesteuerter Systeme / Dirk Abel.
Berlin ; Heidelberg ; New York ; London ; Paris ; Tokyo ; Hong Kong ; Barcelona : Springer, 1990
  ISBN-13: 978-3-642-95603-4

Druck: Mercedes-Druck, Berlin; Bindearbeiten: Lüderitz & Bauer, Berlin
2160/3020-543210 – Gedruckt auf säurefreiem Papier

Vorwort

Gern wird an dieser Stelle die Gelegenheit ergriffen, die Notwendigkeit des vorgelegten Buches zu betonen und den Nutzen zu nennen, welchen es dem geneigten Leser bringt. Ich möchte mich hinsichtlich solcher Äußerungen etwas zurückhalten und es bei dem Versuch belassen, Neugierde zu wecken.

Nicht ohne Grund werden die *Regelungs-* und die *Steuerungstechnik* oft in einem Atemzug genannt. Die Vielzahl der Verbindungen zwischen diesen beiden Disziplinen drückt sich auch in der zunehmenden Verwendung des Oberbegriffes aus, für den - offensichtlich in Ermangelung aussagekräftigerer Begriffe - die *Automatisierungstechnik* herhalten mußte. So ähnlich die Aufgaben der Regelungs- und Steuerungstechnik auch sind (in beiden Fällen geht es um die gezielte Beeinflussung dynamischer Systeme), so sehr klafft der Umfang der theoretischen Werkzeuge auseinander, die zu deren Bewältigung zur Verfügung stehen: Während der Entwurf von Regelungen auf eine breite mathematische Theorie abgestützt werden kann, so heißt der Entwurf diskreter Steuerungen immer noch im wesentlichen "trial and error". Sieht man von Simulationen ab, so wird der Steuerungsentwurf durch keinerlei Analyseverfahren unterstützt, die auf einer mathematischen Modellbildung des zu steuernden Systems aufsetzen.

Zugegeben, ein solcher Vergleich ist nicht ganz fair; schließlich lassen sich diskret ablaufende Prozesse weit schlechter mathematisch beschreiben, als dies von kontinuierlichen behauptet werden kann. Weiterhin sind die Aufgaben und die Möglichkeiten, die eine diskrete Steuerung bietet, in der Regel vielfältiger als die einer Regelung. Die Entwurfsaufgabe kann sich daher auch nicht darauf beschränken, etwa für einen Satz freier Parameter vernünftige Einstellwerte zu finden.

Auch die nachfolgenden Seiten werden die genannte Diskrepanz der Entwurfsmethoden nicht nennenswert verringern können. Das Buch ist jedoch als Diskussionsbeitrag gedacht, der zeigen soll, daß auch diskret gesteuerte Systeme einer mathematischen Beschreibung und Analyse zugänglich sind. Dabei wird der Versuch unternommen, die Ergebnisse der von Mathematikern und Informatikern rege betriebenen Forschung auf dem Gebiet der *Petri-Netz-Theorie* für Aufgaben der Ingenieurwissenschaften, hier speziell für den Bereich der Steuerungstechnik, nutzbar zu machen.

Das dem Leser vorgelegte Buch ist aus einer Dissertation [1] hervorgegangen, die ich während meiner Tätigkeit als wissenschaftlicher Mitarbeiter am Institut für Regelungstechnik der Rheinisch–Westfälischen Technischen Hochschule Aachen angefertigt und in den Aufsätzen [2] und [3] zusammengefaßt habe. Dem Leiter des Instituts, meinem verehrten Lehrer Professor Dr.-Ing. Heinrich Rake, danke ich für die Betreuung meiner Arbeit und im besonderen für die Bereitschaft, sich der Thematik der Petri-Netze anzunehmen. Der Volkswagen–Stiftung danke ich für den finanziellen Rahmen, der die Arbeit möglich machte. Aus dem Kreis meiner ehemaligen Kollegen sind es Werner Seiche und Ludger Kaster, deren Beiträge zu diesem Buch ich besonders zu schätzen gelernt habe. Monika Schwarzenberg danke ich für die Sorgfalt, die sie bei der Erstellung der Druck-vorlage walten ließ.

Aachen, im März 1990   Dirk Abel

Inhaltsverzeichnis

1 Einführung

Neben der Regelung und Steuerung *kontinuierlicher* Systeme erfordert die Automatisierung technischer Systeme oftmals auch die Führung von Vorgängen, denen ein vorwiegend schrittweiser, d.h. *diskreter* Ablauf zugrunde liegt. Stellvertretend für viele unterschiedliche Bereiche seien hier Transport- und Stückgutprozesse in der Fertigungstechnik, aber auch Chargenprozesse in der Verfahrenstechnik als Beispiele solcher Abläufe genannt. Die Führung dieser Systeme ermöglichen diskrete Steuerungen, die einer festgelegten Vorschrift folgend aus den Meßgrößen des Prozesses dessen Stellgrößen generieren. Abbildung 1.1 zeigt eine schematische Darstellung der Führung eines Systems durch eine diskrete Steuerung, wobei zur besseren Übersicht die Bedienerschnittstellen unberücksichtigt blieben.

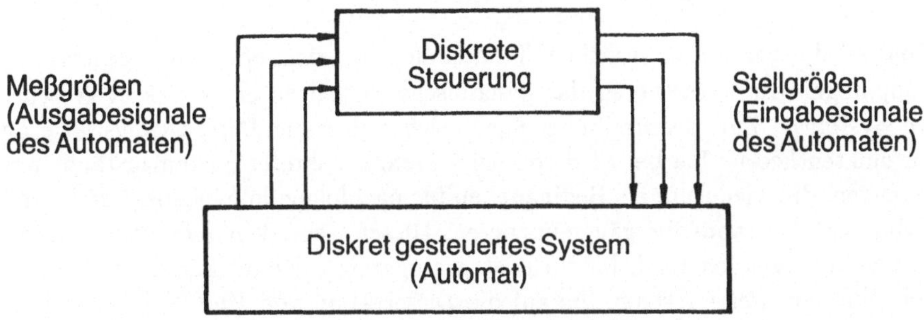

Abb. 1.1: Führung eines Systems durch eine diskrete Steuerung

Diskrete Steuerungen werden entsprechend ihrer Arbeitsweise in Verknüpfungs- und Ablaufsteuerungen unterteilt. Eine Verknüpfungssteuerung verwirklicht eine rein statische eindeutige Zuordnung von Meß- zu Stellgrößen, z.B. durch eine Verschaltung elektronischer Logikgatter wie "und", "oder", "Negation" oder daraus abgeleiteter Bausteine. Alternativ dazu kann die Funktion einer solchen Steuerung auch von einem einfachen Digitalrechnerprogramm erfüllt werden, welches die eingegebenen logischen Verknüpfungen oder aber auch einen Satz von Regeln in der Form "wenn ..., dann ..." zyklisch interpretiert und ausführt.

Im Gegensatz zu den statisch wirkenden Verknüpfungssteuerungen bieten Ablaufsteuerungen die Möglichkeit, den beabsichtigten Prozeßverlauf als Arbeitsprogramm vorzugegeben, mit dem die Generierung der Stellgrößen erfolgt. In der Ablaufsteuerung wird dieses Programm dann in Abhängigkeit von Meßwerten und Zeitbedingungen schrittweise abgearbeitet. Zur Programmierung von Ablaufsteuerungen finden Beschreibungsformen wie Ablauftabelle, Funktionsplan u.ä. Verwendung.

Offensichtlich arbeitet eine diskrete Steuerung - anders als die Verwendung des Begriffs ”Steuerung” im Kontinuierlichen vermuten läßt - in einem geschlossenen Wirkungskreis. Die Verwandtschaft zu einem Regelkreis liegt auf der Hand. Aufgrund fehlender geeigneter Beschreibungsformen kann jedoch die Funktionsfähigkeit eines Steuerungssystems, d.h. das richtige Zusammenwirken von Steuerung und gesteuertem System, nicht analytisch nachgewiesen werden. Bestenfalls ist eine Verifikation durch Austesten, d.h. durch Anschluß der Steuerung an den (realen oder simulierten) Prozeß möglich. Bei einfach zu überblickenden, ausschließlich sequentiell ablaufenden Prozessen ist diese Form der Verifikation noch zu rechtfertigen, weil dann sichergestellt ist, daß sämtliche denkbaren Systemzustände erfaßt werden. Enthält das System jedoch zeitlich parallele, d.h. nebenläufige Prozesse, so betrachtet ein solcher Test in der Regel nur eine kleine Untermenge der möglichen Systemzustände. Werden durch nebenläufige Prozesse gemeinsame Betriebsmittel genutzt, so besteht darüberhinaus grundsätzlich die Gefahr von Verklemmungssituationen, die im allgemeinen nicht einfach vorherzusehen sind. Die Notwendigkeit einer weitergehenden Analyse auch diskret gesteuerter Systeme ist damit offenkundig.

Weniger die zeitkontinuierlichen Teilabläufe, als vielmehr deren gegenseitige Kopplungen charakterisieren das dynamische Verhalten eines diskret gesteuerten Systems. Zur Beschreibung eignet sich daher die Betrachtungsweise der Automatentheorie; hierbei wird von einer Menge diskreter Systemzustände ausgegangen, die wiederum als Bedingungen für nachfolgende Ereignisse und damit verbundene Zustandsübergänge fungieren. Diesen Gedanken aufgreifend, werden in dem vorliegenden Buch Möglichkeiten aufgezeigt, diskret gesteuerte Systeme mit Hilfe von *Petri–Netzen*, die auf die Dissertation von PETRI [35] im Jahre 1961 zurückgehen, zu beschreiben und durch Einsatz mathematischer Methoden zu analysieren. Unter der ”Analyse” ist im folgenden die Überprüfung von Anforderungen an das dynamische Netzverhalten zu verstehen, welche mit Blick auf die Steuerungstechnik formuliert werden. Ähnlich wie die Modelle selbst hängen auch die zur Analyse ausgewählten Anforderungen, z.B. die der Lebendigkeit, nicht von der Form, Struktur oder der physikalischen Natur der betrachteten Systeme ab. Aufgrund des zu erwartenden Aufwands werden nur solche Analyseverfahren berücksichtigt, die eine Übertragung auf Digitalrechner gestatten.

Kapitel 2 enthält eine Zusammenstellung derjenigen Begriffe aus der Theorie der Petri–Netze, die zum Verständnis des behandelten Stoffes erforderlich sind. Neben der Erläuterung dieser Begriffe dient dieses Kapitel auch zur Einführung in mathematische Schreibweisen, die unvermeidbare Ungenauigkeiten einer sprachlichen Formulierung beheben können.

In Kapitel 3 wird die Modellbildung diskret gesteuerter Systeme mit Petri–Netzen behandelt, womit ein Brückenbau zwischen der Netztheorie und den betrachteten Systemen erfolgt. Dazu wird zunächst ausgehend vom Gedankenmodell des Automaten die spezielle Eignung der Petri–Netze für die Beschreibung nebenläufiger Prozesse aufgezeigt. Hieraus ergeben sich Randbedingungen für die Synthese bzw. Interpretation von Netzen und Netzkonstruktionen. Schließlich werden die bereits angesprochenen Anforderungen an das dynamische Verhalten der Netzmodelle formuliert.

Bei der Abbildung umfangreicherer Systeme verlieren die Petri–Netze schnell die Übersichtlichkeit und der Aufwand zur Analyse wächst erheblich. Dies gibt Anlaß, in Kapitel 4 ein Konzept der hierarchischen Organisation von Petri–Netzen, die Teilsysteme in unterschiedlichen Abstraktionsniveaus beschreiben, vorzustellen und mit Vorschlägen anderer Autoren zu vergleichen. Die Ausführungen werden zeigen, daß die Abbildung zeitbehafteter Vorgänge als Spezialfall einer solchen hierarchischen Organisation angesehen werden kann, so daß auch diese Fragestellung hier behandelt wird.

Zur Analyse von Netzen werden dann zwei völlig getrennte Wege beschritten. Der in Kapitel 5 vorgestellte Weg sieht die Analyse eines Petri–Netzes auf der Grundlage des Erreichbarkeits- bzw. des Überdeckungsgraphen vor. Diese sind gerichtete Graphen, die dem betreffenden Netz zugeordnet werden können und vor der eigentlichen Analyse zu konstruieren sind. Zum Nachweis von Netzeigenschaften, die aus diesen Graphen nicht einfach zu entnehmen sind, finden graphentheoretische Verfahren Anwendung, die die Zusammenhangseigenschaften auswerten.

Alternativ zu dieser Vorgehensweise können durch Einsatz von Methoden der linearen Algebra Aussagen über das dynamische Verhalten eines Petri–Netzes auch direkt aufgrund der Netzstruktur gewonnen werden. Im Mittelpunkt von Kapitel 6 stehen daher die Ermittlung und Interpretation von S- und T-Invarianten. Damit werden dynamische Netzeigenschaften charakterisiert, die unabhängig vom Anfangszustand des Petri–Netzes sind. Da die Berechnung der Invarianten die Lösung linearer diophantischer Gleichungssysteme erfordert, wird auch auf Verfahren zur Ermittlung ganzzahliger und positiver Lösungen dieser Gleichungssysteme eingegangen.

Als Beispiel einer in Kapitel 7 beschriebenen Anwendung der Analyseverfahren dient ein stark vereinfacht betrachteter Transportprozeß von Containern, der Nebenläufigkeiten enthält und verklemmungsgefährdet ist. Mittels iterativer Auswertung der Analyseergebnisse wird ein Modell erarbeitet, welches als Grundlage für eine verklemmungsfreie Steuerung dienen kann.

2 Theorie der Petri–Netze

2.1 Syntax und Darstellung

Zahlreiche Autoren haben dazu beigetragen, daß heute eine Vielzahl von Petri–Netz–Klassen zu verzeichnen ist. Hier werden zunächst die Stellen-/Transitionen–Netze (oder kurz S/T–Netze) betrachtet. Diese Auswahl erfolgt unter dem Gesichtspunkt,

- hinreichende Freiheitsgrade bei der Modellierung diskret gesteuerter Systeme mit

- weitgehenden Möglichkeiten der mathematischen Beschreibung und Analyse

zu kombinieren. Sofern nicht anders vereinbart, wird fortan unter dem Begriff ”Petri–Netz” die Klasse der S/T–Netze verstanden, deren Syntax festgelegt ist durch die

Def. 2.1 (Petri–Netz):

Ein Petri–Netz ist ein 6–Tupel $N = (S, T, F, K, W, M_0)$ mit:

i. der nichtleeren, endlichen Stellenmenge $S = \{s_1, s_2, \cdots, s_{|S|}\}$,

ii. der nichtleeren, endlichen Transitionenmenge $T = \{t_1, t_2, \cdots, t_{|T|}\}$,

iii. der nichtleeren Kantenmenge (Flußrelation) $F \subseteq S \times T \cup T \times S$,

iv. der Abbildung $K : S \to \mathbf{N}\backslash\{0\}$, die die Kapazität jeder Stelle festlegt,

v. der Abbildung $W : F \to \mathbf{N}\backslash\{0\}$, die jeder Kante ein Gewicht zuordnet und

vi. der Anfangsmarkierung $M_0 : S \to \mathbf{N}$.

Ein Petri–Netz kann auch als gerichteter Graph aufgefaßt werden; vgl. hierzu die

Def. 2.2 (Gerichteter Graph):

Ein gerichteter Graph (Digraph) ist ein Tupel $D = (A, B)$ bestehend aus einer endlichen Menge A von Knoten und einer Menge $B \subseteq A \times A$ geordneter Paare. Jedes Paar (a_i, a_j) heißt (gerichtete) Kante.

Angewendet auf ein Petri–Netz ist $A = S \cup T$ die Menge der Knoten und $B = F \subseteq S \times T \cup T \times S$ die Menge der Kanten. Der Vergleich zeigt auch, daß ein Petri–Netz eine spezielle Form eines gerichteten Graphen $D = N$ darstellt, da hierbei zwei verschiedene Typen von Knoten (Stellen und Transitionen) existieren und nur Knoten unterschiedlichen Typs miteinander verknüpft werden können. Die heute allgemein verwendeten graphischen Symbole, die von HOLT [17] eingeführt wurden, erlauben eine anschauliche Darstellung der Petri–Netze.

Die *Stellen* s_i (oder S–Elemente), die durch – mit der Kapazität beschriftete – Kreise symbolisiert werden, sind passive Elemente eines Petri–Netzes. Die jeder Stelle zugeordnete Kapazität gibt die Anzahl von Marken an, die diese Stelle aufnehmen kann. Nicht beschriftete Stellen besitzen vereinbarungsgemäß die Kapazität eins. Die *Transitionen* t_j (oder T–Elemente), die durch Rechtecke symbolisiert werden, stellen aktive Elemente dar und verursachen durch sogenannte Schaltvorgänge den Markenfluß in einem Petri–Netz. Netzknoten unterschiedlichen Typs können durch *Kanten* (s_i, t_j) bzw. (t_j, s_i) miteinander verknüpft werden, die durch mit dem Gewicht beschriftete Pfeile symbolisiert werden. Das jeder Kante zugeordnete Gewicht gibt die Zahl der Marken an, die bei einem Schaltvorgang über diese Kante fließen. Nicht beschriftete Kanten besitzen vereinbarungsgemäß das Gewicht eins. Netze, in denen alle Stellen die Kapazität eins und alle Kanten das Gewicht eins besitzen, heißen Bedingung/Ereignis–Netze oder kurz B/E–Netze. Die eingeführten Bezeichnungen und Symbole werden am Beispiel des Netzes in Abbildung 2.1 erläutert.

Im folgenden wird ohne Beschränkung der Allgemeinheit vorausgesetzt, daß ein Petri–Netz keine mehrfachen gleichgerichteten Kanten zwischen zwei Knoten und keine Schlingen besitzt, d.h. Knotenpaare, die in beiden Richtungen miteinander verbunden sind. Schlingenfreie Netze werden auch als rein bezeichnet; vgl. dazu die

Def. 2.3 (Reines Petri–Netz):

Ein Petri–Netz N heißt rein, falls gilt:

$$\forall (s_i, t_j) \in S \times T : [(s_i, t_j) \in F \Rightarrow (t_j, s_i) \notin F]$$

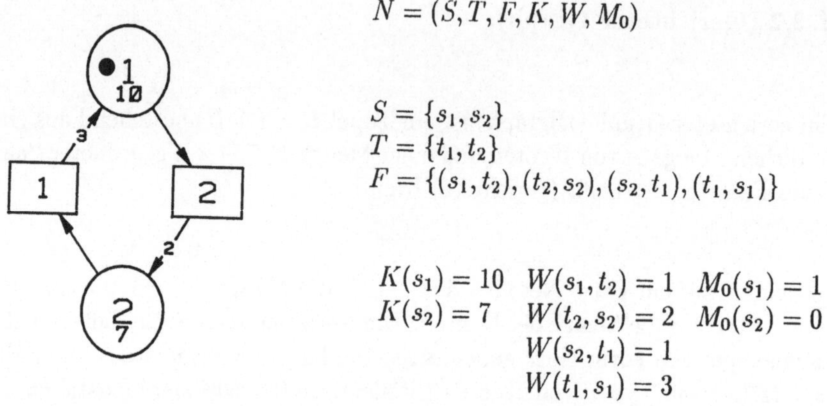

$$N = (S, T, F, K, W, M_0)$$

$$S = \{s_1, s_2\}$$
$$T = \{t_1, t_2\}$$
$$F = \{(s_1, t_2), (t_2, s_2), (s_2, t_1), (t_1, s_1)\}$$

$$
\begin{array}{lll}
K(s_1) = 10 & W(s_1, t_2) = 1 & M_0(s_1) = 1 \\
K(s_2) = 7 & W(t_2, s_2) = 2 & M_0(s_2) = 0 \\
& W(s_2, t_1) = 1 & \\
& W(t_1, s_1) = 3 &
\end{array}
$$

Abb. 2.1: Graphische Repräsentation eines Netzes N

Neben der graphischen Darstellung sind reine Petri–Netze auch einer vektoriellen Beschreibung zugänglich. Die durch die Flußrelation F in Verbindung mit der Abbildung W festgelegten Beziehungen können dabei vorteilhaft in Form der sogenannten Netzmatrix zusammengefaßt werden. Die Kapazitäten der Stellen und die Anfangsmarkierung sind in dem Kapazitäts– bzw. dem Anfangsmarkierungsvektor enthalten. Diese vektorielle Beschreibung wird festgelegt durch die

Def. 2.4 (Netzmatrix):

i. Zu jeder Transition $t_j \in T$ eines Netzes N ist ein Vektor

$$t_j = \begin{pmatrix} t_{j_1} \\ t_{j_2} \\ \vdots \\ t_{j_{|s|}} \end{pmatrix} \in Z^{|S|}$$

komponentenweise definiert durch

$$(t_{j_i}) = \begin{cases} -W(s_i, t_j), & \text{falls } (s_i, t_j) \in F \\ W(t_j, s_i), & \text{falls } (t_j, s_i) \in F \\ 0, & \text{sonst} \end{cases}$$

mit $i = 1(1)|S|$ und $j = 1(1)|T|$.

ii. Die aus den Transitionsvektoren t_j gebildete Matrix

$$N = (t_1, t_2, \cdots, t_{|T|})$$

heißt Netzmatrix von N (auch Inzidenzmatrix).

iii. Der aus den Kapazitäten der Stellen s_i gebildete Kapazitätsvektor $\kappa \in (\mathbf{N}\backslash\{0\})^{|S|}$ ist definiert durch

$$(\kappa_i) = K(s_i).$$

iv. Der die Anfangsmarkierung enthaltende Anfangsmarkierungsvektor $m_0 \in \mathbf{N}^{|S|}$ ist definiert durch

$$(m_{0_i}) = M_0(s_i).$$

Die Netzmatrix N gibt damit die strukturellen Merkmale eines Petri–Netzes N wieder, d.h. die Verknüpfungen zwischen den Stellen (Zeilen) und den Transitionen (Spalten). Die Elemente der Matrix ensprechen vom Betrag her den Gewichten der Kanten; das Vorzeichen gibt Auskunft über den Richtungssinn: Eine Verbindung von einer Transition zu einer Stelle erhält das Pluszeichen, die entgegengesetzte Richtung das Minuszeichen. Ergänzt wird die Netzmatrix durch Kapazitätsvektor κ und den Anfangsmarkierungsvektor m_0, deren Elemente den jeweiligen Stellen zuzuordnen sind. Für das Beispielnetz aus Abbildung 2.1 lautet damit die Vektor– und Matrixdarstellung:

$$N = \begin{pmatrix} 3 & -1 \\ -1 & 2 \end{pmatrix} \quad , \quad \kappa = \begin{pmatrix} 10 \\ 7 \end{pmatrix} \quad , \quad m_0 = \begin{pmatrix} 1 \\ 0 \end{pmatrix} \quad .$$

Die Definitionen von Netzmatrix, Kapzitäts– und Markierungsvektor kommen nicht von ungefähr. Vielmehr sind sie so gewählt, daß eine ebenfalls algebraische Beschreibung des Markenflusses in dem Petri–Netz möglich wird, worauf das nachfolgende Kapitel 2.2 eingeht.

2.2 Schaltregel und Erreichbarkeit

Die oben definierten strukturellen oder auch statischen Eigenschaften von Petri-Netzen werden durch Regeln für das dynamische Verhalten, die den Markenfluß festlegen, ergänzt. Zu deren Erläuterung diene jedoch zunächst die

Def. 2.5 (Vor- und Nachbereich):

Es seien $x, y \in S \cup T$ Knoten eines Petri-Netzes N.

i. Die Menge aller Knoten $\bullet x \in S \cup T$, von denen Kanten zu dem Knoten x führen, heißt Vorbereich von x:

$$\bullet x = \{ y | (y, x) \in F \} \quad .$$

ii. Die aus dem Knoten x austretenden Kanten führen zu den Knoten des Nachbereichs $x\bullet$:

$$x\bullet = \{ y | (x, y) \in F \} \quad .$$

Beim Schalten einer Transition t_j werden jeder Stelle $s_i \in \bullet t_j$ des Vorbereichs der Transition eine dem Gewicht der zugehörigen Kante entsprechende Anzahl von Marken entzogen und jeder Stelle $s_i \in t_j \bullet$ des Nachbereichs die dem Gewicht der zuführenden Kante entsprechende Markenzahl hinzugefügt. Eine Transition ist aktiviert, d.h. schaltfähig, wenn durch deren Schalten eine zulässige Folgemarkierung erzeugt werden kann, d.h. wenn die Markenanzahl auf keiner Stelle negativ wird oder die Kapazität überschreitet. Die Aktivierung einer Transition bewirkt jedoch nicht notwendigerweise deren unmittelbares Schalten; dazu bedarf es einer von außen zugeführten Eingabe.

Die Definition der Netzmatrix (bzw. der Transitionsvektoren) läßt eine ebenfalls vektorielle Formulierung der Schaltregel zu. So ergibt sich ausgehend von einer Markierung M nach dem Schalten einer Transition t_j die Folgemarkierung M' aus der Addition von Markierungs- und Transitionsvektor. Die vektoriell formulierte Schaltregel entspricht der

Def. 2.6 (Schaltregel):

i. Eine Transition $t_j \in T$ ist M-aktiviert (d.h. schaltfähig unter der Markierung M), falls gilt:

$$\mathbf{o} \leq \mathbf{m} + \mathbf{t}_j \leq \mathbf{\kappa} \quad .$$

ii. Durch Schalten einer M-aktivierten Transition t_j entsteht eine Folgemarkierung M', so daß gilt:

$$m' = m + t_j \qquad .$$

Im Gegensatz zu der hier eingeführten Schaltregel, die auch als *starke* Schaltregel bezeichnet wird, berücksichtigt die sogenannte *schwache* Schaltregel nicht die
(begrezte) Kapazität der Stellen. Im folgenden wird - soweit nichts anderes genannt - von der starken Schaltregel ausgegangen. Ausgehend von der Schaltregel
werden die Betrachtungen nun auf eine Folge mehrerer Schaltvorgänge, sogenannte Schaltsequenzen, ausgedehnt. Hierzu dient die

Def. 2.7 (Schaltsequenz):

i. Eine Transitionenfolge

$$\sigma = t'_1, t'_2, \cdots, t'_n$$

mit

$$t'_k \in T \text{ und } k \in \{1, 2, \cdots, n\} \text{ heißt Schaltsequenz}$$

(z.B.: $\sigma = t_2, t_1, t_1, \cdots, t_2$).

ii. Eine Schaltsequenz σ heißt anwendbar bei M, wenn gilt:

$$\forall k \in \{1, 2, \cdots, n\} : \mathbf{o} \leq m + \sum_{l=1}^{k} t'_l \leq \kappa \qquad .$$

Im Zusammenhang mit Verfahren zum Nachweis dynamischer Netzeigenschaften interessiert oft die Frage, welche Markierungen in einem Netz ausgehend
von einer Anfangsmarkierung durch Schaltvorgänge erreicht werden können. In
der Netztheorie ist die Fragestellung, ob (und wie) eine vorgegebene Markierung
von einer Anfangsmarkierung aus erreicht werden kann, allgemein als *Erreichbarkeitsproblem* formuliert worden. Alle Markierungen eines Netzes, die von der
Anfangsmarkierung aus erreicht werden können, ergeben die sogenannte Erreichbarkeitsmenge des Netzes; vgl. hierzu die

Def. 2.8 (Erreichbarkeitsmenge):

i. Eine Markierung M eines Petri-Netzes N heißt erreichbar, falls eine anwendbare Schaltsequenz σ existiert, die M_0 in M überführt.

ii. Die Menge aller erreichbaren Markierungen heißt Erreichbarkeitsmenge

$$R_N(M_0) = \{M | M \text{ ist erreichbar }\} \qquad .$$

Die Erreichbarkeitsmenge läßt sich geometrisch als Punktmenge im $|S|$–dimensionalen Raum auffassen. Dieses soll in nachfolgender Abbildung 2.2 am Beispiel der Erreichbarkeitsmengen des bekannten Beispielnetzes (vgl. Abbildung 2.1) veranschaulicht werden.

Die Transitionsvektoren t_1 und t_2 definieren ein zweidimensionales Gitter, dessen relative Lage zum Koordinatenursprung durch den Anfangsmarkierungsvektor m_0 festgelegt wird. Die Gesamtheit aller im 1. Quadranten liegenden Gitterpunkte bildet bei Anwendung der schwachen Schaltregel die (nicht endliche) Erreichbarkeitsmenge des Beispielnetzes. Bei Anwendung der starken Schaltregel wird die Erreichbarkeitsmenge durch die Kapazitäten der Stellen begrenzt (grau hinterlegt). Aus dieser vektoriellen Betrachtung läßt sich unmittelbar eine strukturelle Bedingung für die Erreichbarkeit einer Markierung formulieren. Jeder Markierungsvektor der Erreichbarkeitsmenge ist aus Anfangsmarkierungsvektor und einer Linearkombination der Transitionsvektoren in der Form

$$m = m_0 + v_1 t_1 + v_2 t_2 + \cdots + v_{|T|} t_{|T|} \tag{2.1}$$

mit $v_1, v_2, \cdots, v_{|T|} \in \mathbf{N}$ darstellbar. Durch Zusammenfassung der Koeffizienten zu dem Vektor

$$v = \begin{pmatrix} v_1 \\ v_2 \\ \vdots \\ v_{|T|} \end{pmatrix} \in \mathbf{N}^{|T|} \quad , \tag{2.2}$$

der die notwendigen Schalthäufigkeiten der Transitionen enthält, kann Gleichung (2.1) auch in der Form

$$m = m_0 + N \cdot v \tag{2.3}$$

geschrieben werden (vgl. Definition 2.4). Markierungen, die sich nicht aus einer additiven Überlagerung gemäß Gleichung (2.3) erzeugen lassen, sind daher auch nicht erreichbar. Aus der Lösbarkeit des genannten Gleichungssystems läßt sich demnach eine notwendige Bedingung für die Erreichbarkeit einer Markierung ableiten. Dieser Zusammenhang führt zu dem

Satz 2.1 (Erreichbarkeit):

> Wenn M eine erreichbare Markierung eine Petri–Netzes N ist, besitzt das lineare Gleichungssystem
>
> $$N \cdot v = m - m_0 \tag{2.4}$$
>
> eine nichtnegative, ganze Lösung:
>
> $$M \in R_N(M_0) \Rightarrow \exists v \in \mathbf{N}^{|T|} : N \cdot v = m - m_0 \quad .$$

Der Vektor v gibt an, wie oft jede Transition auf einem Weg von M_0 nach M zu schalten ist, nicht aber, in welcher Reihenfolge diese Schaltungen auszuführen

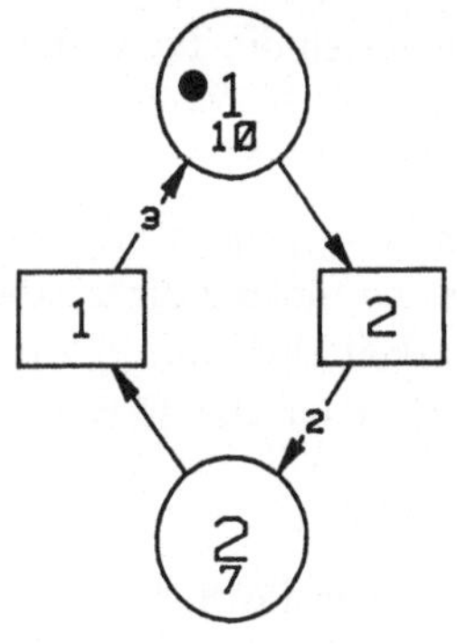

$$N \;=\; \begin{pmatrix} 3 & -1 \\ -1 & 2 \end{pmatrix}$$

$$t_1 \;=\; \begin{pmatrix} 3 \\ -1 \end{pmatrix} \quad , \quad t_2 \;=\; \begin{pmatrix} -1 \\ 2 \end{pmatrix}$$

$$\kappa \;=\; \begin{pmatrix} 10 \\ 7 \end{pmatrix} \quad , \quad m_0 \;=\; \begin{pmatrix} 1 \\ 0 \end{pmatrix}$$

a) Petri-Netz   b) Vektor- und Matrixdarstellung

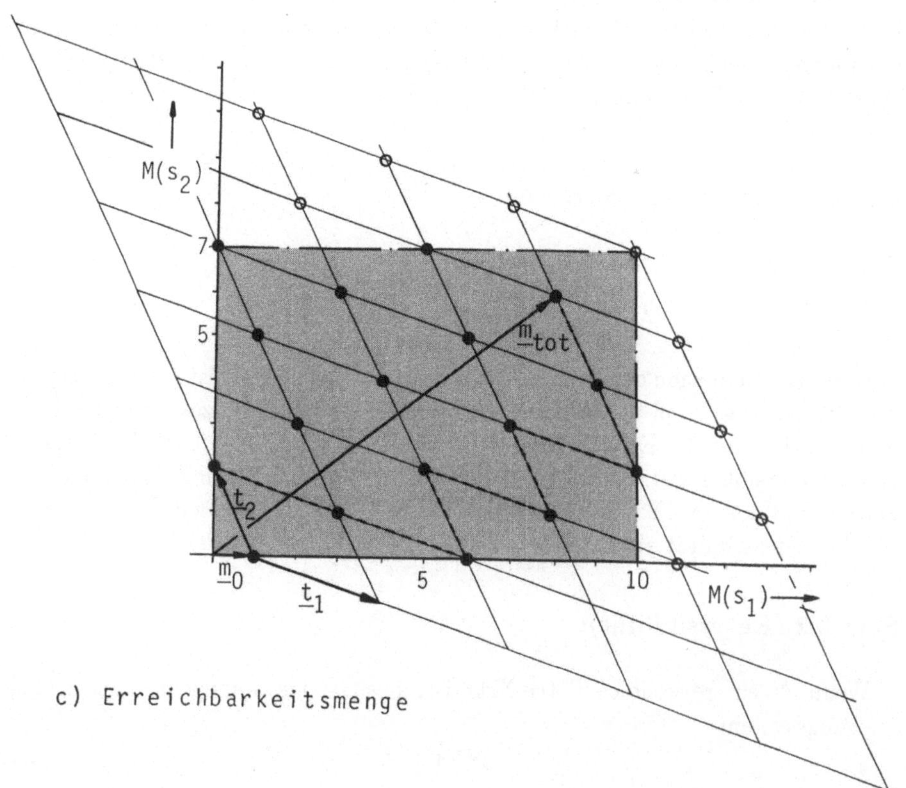

c) Erreichbarkeitsmenge

Abb. 2.2: Geometrische Darstellung der Erreichbarkeitsmenge (●:starke Schaltregel, ●o: schwache Schaltregel)

sind. Erreichbar ist eine Markierung jedoch nur dann, wenn sich die Transitionsvektoren so kombinieren lassen, daß ein Polygon entsteht, dessen Ecken ausschließlich im "1. Quadranten" des $|S|$-dimensionalen Raumes (starke und schwache Schaltregel) und innerhalb der durch die Kapazitäten festgelgten Grenzen (starke Schaltregel) liegen. Der Satz 2.1 beschreibt daher ein notwendiges, aber allgemein nicht hinreichendes Kriterium für die Erreichbarkeit einer Markierung, da die Anwendbarkeit möglicher Schaltsequenzen (d.h die Lage der Ecken des Polygons) hierdurch nicht überprüft wird.

Die Problematik der Erreichbarkeit von Markierungen in einem Petri–Netz stellt eine spezielle Formulierung eines Entscheidungsproblems dar, auf die zahlreiche Entscheidungsprobleme aus verschiedenen Bereichen der Mathematik und Informatik zurückgeführt werden können. Ein Überblick über Arbeiten zum Erreichbarkeitsproblem sogenannter Vektoradditionssysteme, die als eine abstrakte Beschreibung reiner Petri–Netze aufgefaßt werden können, ist in [32] enthalten.

Sogenannte *reversible* Petri–Netze besitzen die Eigenschaft, in jede ihrer Markierungen "zurückkehren" zu können; d.h. jeweils zwei Markierungen der Erreichbarkeitsmenge können durch Schaltsequenzen ineinander überführt werden. Diese Eigenschaft wird ausgedrückt durch die

Def. 2.9 (Reversibles Petri–Netz):

Ein Petri–Netz N heißt reversibel, wenn gilt:

$$\forall M_1, M_2 \in R_N(M_0) : M_1 \in R_N(M_2) \qquad .$$

Die hier zur Definition der Reversibilität genannte Bedingung ist gleichbedeutend mit der Aussage, daß die Anfangsmarkierung M_0 eines Netzes ausgehend von jeder Markierung der Erreichbarkeitsmenge wieder reproduziert werden kann. In einem reversiblen Petri–Netz ist daher die Anfangsmarkierung M_0 erreichbar. Damit folgt aus Satz 2.1 für den Spezialfall $m = m_0$ eine notwendige Bedingung für die Reversibilität eines Netzes. Diese Überlegung ergibt den

Satz 2.2 (Reversibilität):

Wenn N ein reversibles Petri–Netz ist, besitzt das homogene lineare Gleichungssystem

$$N \cdot v = o \qquad (2.5)$$

eine nichtnegative, ganze Lösung:

$$N \text{ ist reversibel} \Rightarrow \exists v \in \mathbb{N}^{|T|} : N \cdot v = o \qquad .$$

Der Satz 2.2 zeigt ein Beispiel einer Netzeigenschaft (die Reversibilität), die auf das Erreichbarkeitsproblem zurückgeführt werden kann. Eine ausführlichere

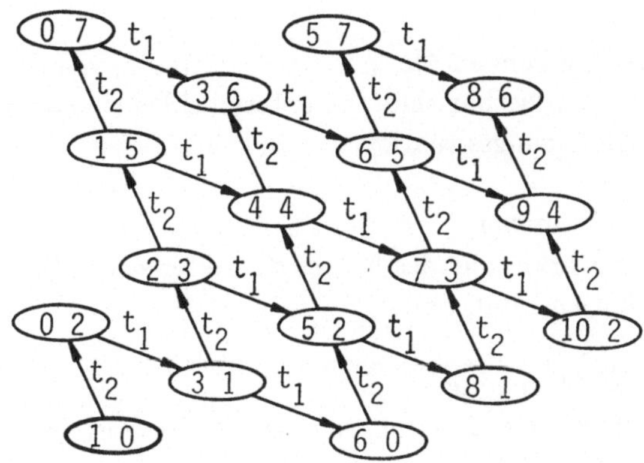

Abb. 2.3: Erreichbarkeitsmenge als gerichteter Graph (starke Schaltregel, Anfangsmarkierung hervorgehoben)

Darstellung von Netzeigenschaften, die mit Methoden der linearen Algebra nachgewiesen werden können, ist in Kapitel 6 enthalten.

Alternativ zu der in Abbildung 2.2 gewählten Form können alle erreichbaren Markierungen und alle anwendbaren Schaltsequenzen eines Petri–Netzes auch durch einen gerichteten Graphen, den sogenannten *Erreichbarkeitsgraphen*, dargestellt werden. Dessen Konstruktion setzt jedoch voraus, daß die Erreichbarkeitsmenge $R_N(M_0)$ endlich ist. Die folgende Abbildung 2.3 gibt den Erreichbarkeitsgraphen des Petri–Netzes aus Abbildung 2.2 wieder, wobei die starke Schaltregel zugrunde gelegt wurde. Bei Anwendung der schwachen Schaltregel ist die Erreichbarkeitsmenge nicht endlich, so daß der Erreichbarkeitsgraph dann nicht konstruierbar ist. Die Wiedergabe der Erreichbarkeitsmenge durch einen gerichteten Graphen eröffnet die Möglichkeit, eine Netzanalyse auch mit Methoden der Graphentheorie zu betreiben. Hierauf wird in Kapitel 5 näher eingegangen.

2.3 Lebendigkeit und Beschränktheit

In einem Petri–Netz können Markierungen auftreten, von denen aus nicht mehr alle Transitionen aktivierbar sind. Zu unterscheiden sind grundsätzlich zwei Arten solcher Verklemmungssituationen, nämlich

- die *totale Verklemmung*,
  die durch eine Markierung des Netzes charakterisiert ist, bei der keine Transition mehr schalten kann, und

- die *partielle Verklemmung*,
  die einer Markierung entspricht, von der aus nur noch ein Teil aller Transitionen aktiviert werden kann.

Zur Beschreibung dieser Situationen sind in der Netztheorie die im folgenden definierten Begriffe der toten Markierung und des lebendigen Petri–Netzes eingeführt worden. Zunächst betrachte man dazu die

Def. 2.10 (Tote Transition/Markierung):

i. Eine Transition $t_j \in T$ eines Petri–Netzes N heißt tot, wenn t_j bei keiner Folgemarkierung von M_0 aktiviert ist; d.h. wenn gilt:

$$\not\exists M \in R_N(M_0) : t_j \text{ ist } M\text{–aktiviert.}$$

ii. Eine Markierung M heißt tot, wenn keine Transition M–aktiviert ist; d.h. wenn gilt:

$$\not\exists t_j \in T : t_j \text{ ist } M\text{–aktiviert.}$$

Während eine tote Transition demnach bei keiner Markierung der Erreichbarkeitsmenge schalten kann, aktiviert eine tote Markierung keine Transitionen. Eine gegensätzliche Eigenschaft drückt der Begriff der Lebendigkeit aus, der festgelegt ist durch die

Def. 2.11 (Lebendigkeit):

i. Eine Transition $t_j \in T$ eines Petri–Netzes N heißt lebendig, wenn t_j bei jeder Folgemarkierung von M_0 aktivierbar ist; d.h. wenn gilt:

$$\forall M \in R_N(M_0), \exists M' \in R_N(M) : t_j \text{ ist } M'\text{–aktiviert.}$$

ii. Ein Netz N heißt lebendig, wenn alle Transtionen t_j von N lebendig sind; d.h. wenn gilt:

$$\forall t_j \in T : t_j \text{ ist lebendig.}$$

Offenbar entspricht eine tote Markierung einer totalen Verklemmung. Ferner sind Petri–Netze genau dann lebendig, wenn sie weder in totale noch in partielle Verklemmungssituationen gelangen können. Die eingeführten Begriffe sollen im folgenden an Beispielen erläutert werden. Das Beispielnetz aus Abbildung 2.2 gelangt nach der Schaltsequenz

$$\sigma = t_2, t_1, t_1, t_2, t_1, t_2, t_1, t_2, t_2$$

zu der auch dort gekennzeichneten toten Markierung

$$\boldsymbol{m_{tot}} = \boldsymbol{m_0} + 4\boldsymbol{t_1} + 5\boldsymbol{t_2} = \begin{pmatrix} 1 \\ 0 \end{pmatrix} + 4 \cdot \begin{pmatrix} 3 \\ -1 \end{pmatrix} + 5 \cdot \begin{pmatrix} -1 \\ 2 \end{pmatrix} = \begin{pmatrix} 8 \\ 6 \end{pmatrix}$$

In dem folgenden Petri–Netz der Abbildung 2.4 entsteht durch Schalten der Transition t_1 eine Markierung, die keine t_1 aktivierende Folgemarkierungen besitzt; t_1 ist daher nicht lebendig. Damit ist auch das Netz nicht lebendig, enthält jedoch keine toten Markierungen (t_2 und t_3 bleiben stets aktivierbar). Nach dem Schalten der Transition t_1 liegt daher eine partielle Verklemmung vor. Das Netz ist ferner nicht reversibel, da die Anfangsmarkierung nicht reproduziert werden kann.

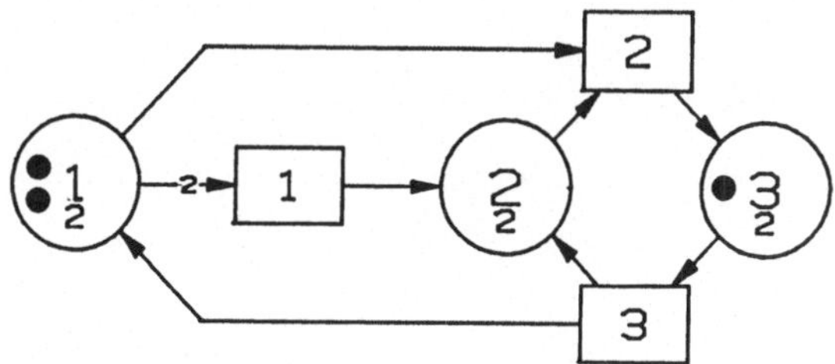

Abb. 2.4: Nicht lebendiges Petri–Netz ohne tote Markierungen

Wie in Abbildung 2.2 zu erkennen ist, können Petri–Netze unendliche Erreichbarkeitsmengen besitzen, d.h. unbeschränkt sein. Die Beschränktheit von Petri–Netzen, die durch spezielle strukturelle Eigenschaften erzielt werden kann, stellt eine Voraussetzung für die Anwendbarkeit graphentheoretischer Analyseverfahren dar und ist Inhalt der

Def. 2.12 (Beschränktheit):

i. Eine Stelle $s_i \in S$ eines Petri–Netzes N heißt k-beschränkt bei M_0, falls gilt:

$$\exists k \in \mathbf{N}, \forall M \in R_N(M_0) : M(s_i) \leq k \quad .$$

ii. Ein Netz N heißt beschränkt bei M_0, wenn jede Stelle $s_i \in S$ k-beschränkt ist:

$$\forall s_i \in S : s_i \text{ ist k-beschränkt.}$$

iii. Ein Netz N heißt sicher bei M_0, wenn jede Stelle $s_i \in S$ 1–beschränkt ist:

$$\forall s_i \in S : s_i \text{ ist 1–beschränkt.}$$

Die Erreichbarkeitsmenge eines Petri–Netzes ist offenbar genau dann endlich, wenn das Netz beschränkt ist. Wie die Ausführungen in Kapitel 5 zeigen werden, können die graphentheoretischen Analyseverfahren zum Nachweis der Lebendigkeit daher auch nur für beschränkte Petri–Netze angewendet werden. Vor deren Einsatz ist somit zunächst stets der Beschränktheitsnachweis für das betrachtete Petri–Netz zu führen.

2.4   Konflikt und Kontakt

Häufig tritt in einem Petri–Netz der Fall auf, daß mehrere Transitionen gleichzeitig aktiviert sind. Diese können entweder unabhängig voneinander, d.h. also auch gleichzeitig schalten oder aber ihr Schalten ist nur alternativ möglich. Trifft das zuletzt Genannte zu, d.h. das Schalten einer von mehreren gleichzeitig aktivierten Transitionen entzieht anderen deren Aktiviertheit, so liegt ein sogenannter Konflikt vor. Ein Konflikt kann eintreten, wenn mehrere Transitionen gemeinsame Vor- oder Nachbereiche besitzen, was ausgedrückt wird durch die

Def. 2.13 (Konflikt):

M' sei die Folgemarkierung von M nach dem Schalten der Transition t_k.

i. Bei der Markierung M liegt ein Konflikt zwischen den Transitionen t_k und t_l $(k \neq l)$ vor, falls gilt:

$$\exists M \in R_N(M_0) : t_k, t_l \text{ sind } M\text{-aktiviert.} \wedge t_l \text{ ist nicht } M'\text{-aktiviert.}$$

ii. Ein Petri–Netz N heißt konfliktfrei, falls gilt:

$$\nexists M \in R_N(M_0) : \text{Konflikt bei } M.$$

In der Abbildung 2.5 wird zur Erläuterung der Definition 2.13 ein konfliktfreies Petri–Netz einem konfliktbehafteten gegenübergestellt. In beiden Fällen sind die Transitionen t_1 und t_2 gleichzeitig aktiviert. Während diese Transitonen im Fall a) unabhängig voneinander schalten können, führt der Konflikt im Fall b) dazu, daß die Wahl einer schaltenden Transition den weiteren "Weg" der Marke festlegt.

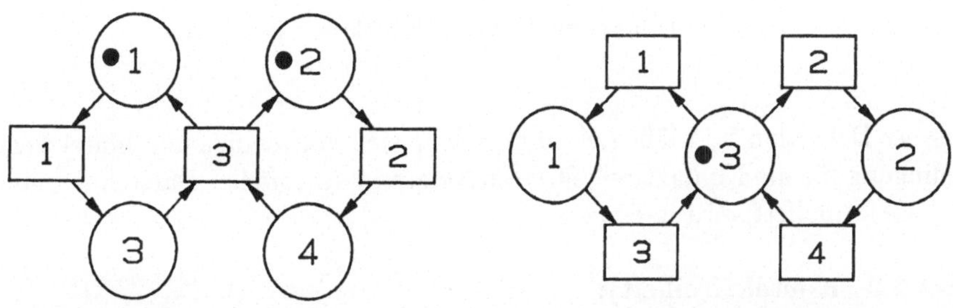

Abb. 2.5: Konfliktfreies und konfliktbehaftetes Petri–Netz

Wird das Schalten einer Transition t_j durch die Markierung des Nachbereichs $t_j\bullet$ verhindert, liegt eine sogenannte Kontaktsituation vor. Diese wird beschrieben mit der

Def. 2.14 (Kontakt):

i. Bei der Markierung M liegt ein Kontakt an der Transition t_j vor, falls gilt:

$$[\forall s_v \in \bullet t_j : M(s_v) \geq W(s_v, t_j)] \wedge [\exists s_n \in t_j\bullet : M(s_n) > K(s_n) - W(t_j, s_n)]$$

ii. N heißt kontaktfrei, falls gilt:

$$\not\exists M \in R_N(M_0) : \text{Kontakt bei } M.$$

Aus dem Vergleich der in der Abbildung 2.6 gezeigten Beispielnetze geht hervor, daß ein Kontakt nur dann vorliegt, wenn alle Stellen im Vorbereich der Transition t_1 und mindestens eine Stelle im Nachbereich von t_1 mit Marken besetzt sind. Offensichtlich weisen kontaktfreie Netze (d.h. Netze mit hinreichend großen Kapazitäten) bei der Anwendung der starken wie der schwachen Schaltregel gleiches Verhalten auf.

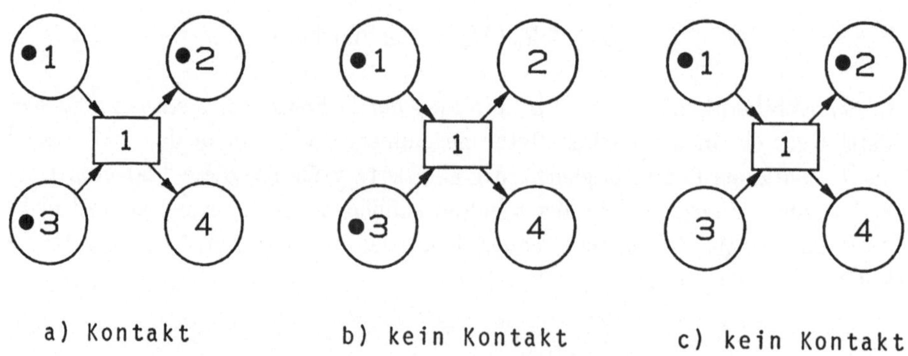

Abb. 2.6: Kontaktbehaftetes und kontaktfreie Petri–Netze

Aus der Definition 2.14 läßt sich unmittelbar eine notwendige und hinreichende Bedingung für die Kontaktfreiheit eines Netzes in vektorieller Darstellung ableiten, die formuliert wird in dem

Satz 2.3 (Kontaktfreiheit):

Ein Petri–Netz N ist kontaktfrei. $\Leftrightarrow$

$$\forall M \in R_N(M_0), \forall t_j \in T : [\mathbf{m} + \mathbf{t}_j \geq \mathbf{o} \Rightarrow \mathbf{m} + \mathbf{t}_j \leq \boldsymbol{\kappa}]$$
.

3 Modelle diskret gesteuerter Systeme

3.1 Petri–Netze als Automaten

Die hier betrachteten Systeme und deren Steuerungen können als Schaltwerke oder Automaten aufgefaßt werden [28]. Jedes technische System,welches nur endlich viele verschiedene Zustände annehmen kann, stellt einen endlichen Automaten $\mathcal{A} = (E, A, Z, \delta, Z_0)$ dar, der durch

- eine endliche Eingabemenge E,

- eine endliche Ausgabemenge A,

- eine endliche Zustandsmenge Z,

- eine Zustandübergangsfunktion δ und

- einen Anfangszustand Z_0

charakterisiert wird. Ein Eingabesignal $e \in E$ löst in dem Automaten ein bestimmtes Ereignis aus, sofern die Konzession dafür vorliegt. Durch Eintritt dieses Ereignisses wird in dem Automaten der Übergang in einen neuen Zustand $z \in Z$ und die Ausgabe eines Signals $a \in A$ vollzogen, was durch die Zustandsübergangsfunktion δ festgelegt ist. Ein Automat beschreibt damit die zeitliche Ordnung von Zustandsübergängen in dem betrachteten System.

Gegenstand der weiteren Ausführungen ist es, ausgehend von der abstrakten Definition des Automaten Möglichkeiten zur Modellbildung diskret gesteuerter Systeme mit Petri–Netzen abzuleiten. Die Steuerung dieser Systeme sei dabei zunächst nicht in dem Modell enthalten, sondern werde als Produzent bzw. Verarbeiter der Ein- und Ausgabesignale angesehen (vgl. Abbildung 1.1). Da die Ausgabesignale eines Systems keinen unmittelbaren Einfluß auf dessen Zustandsänderungen besitzen, bleiben diese im folgenden unberücksichtigt.

Endliche Automaten können durch sogenannte Zustandsgraphen dargestellt werden, die einer Auflistung aller in dem betrachteten System möglichen Zustände (= Knoten, Anfangszustand hervorgehoben) und der verbindenden Zustandsübergänge (= Kanten) entsprechen. Ist die Konstruktion des Zustandsgraphen für einen Prozeß mit rein *sequentiellen* Abläufen noch recht einfach, so gestaltet sich diese jedoch bald als unüberschaubar, wenn zeitlich parallele, d.h. *nebenläufige* Vorgänge auftreten. Diese Aussage wird im folgenden an Hand der Tabelle 3.1 erläutert.

Die fehlenden Kopplungen zwischen asynchronen Prozessen äußern sich in der Trennung der Zustandsgraphen (Teil a). Zur Beschreibung des Gesamtsystems könnnen diese zu einem globalen Zustandsgraphen zusammengefaßt werden, der den gleichen Informationsgehalt besitzt (Teil b). Die auftretenden Nebenläufigkeiten führen offenbar zu einem wesentlich umfangreicheren Zustandsgraphen mit einer Knotenzahl, die dem Produkt der Zustände der Teilsysteme entspricht.

Ist die Beschreibung paralleler asynchroner Prozesse durch einen globalen Zustandsgraphen als Alternative zu den getrennten auch wenig sinnvoll, so wird dies jedoch unumgänglich, wenn die Teilprozesse synchronisiert werden sollen. Wird z.B. verlangt, daß die Ereignisse e_3 und e_6 nur gleichzeitig auftreten können, so kann dies nur durch Modifikation des *globalen* Zustandsgraphen ausgedrückt werden (Teil e).

Systeme dieser Art lassen sich eleganter durch *Petri–Netze* beschreiben, die als erweiterte Zustandsgraphen aufgefaßt werden können. Durch eine gegenüber den Zustandsgraphen geänderte Betrachtungsweise, die im Gegensatz zur Abbildung *möglicher Zustandsübergänge* näher an der Abbildung *möglicher Ereignisse* orientiert ist, gelingt mit Petri–Netzen die Beschreibung auch solcher Systeme, die umfangreichere Automaten darstellen. Dazu wird eine Interpretation der unterschiedlichen Knotentypen erforderlich, wobei

- mit den *Stellen* (und deren Markierungen) Teilzustände in dem System und damit Bedingungen für das Eintreten bestimmter Ereignisse wiedergegeben werden und

- mit den *Transitionen* Ereignisse abgebildet werden, die in dem System auftreten können und damit zu Zustandsübergängen führen.

Dieser Zuordnung folgend sind Nebenläufigkeiten und auch deren Synchronisation mit Petri–Netzen einfach zu modellieren. Beispielsweise wird die zuvor geforderte Synchronisation durch ein Petri–Netz (Teil f) wiedergegeben, welches aus einer nur geringfügigen Modifikation des Netzes der asynchronen Prozesse (Teil e) entstanden ist. Ein durch eine Stelle repräsentierter Teilzustand liegt dann vor, wenn diese eine (oder mehrere) Marken trägt. Der Gesamtzustand des modellierten Systems entspricht - als "Summe aller Teilzustände" - damit

Tabelle 3.1: Modelle von Systemen mit Nebenläufigkeiten

Modell	asynchrone Nebenläufigkeiten	synchronisierte Nebenläufigkeiten
Getrennte Zustandsgraphen	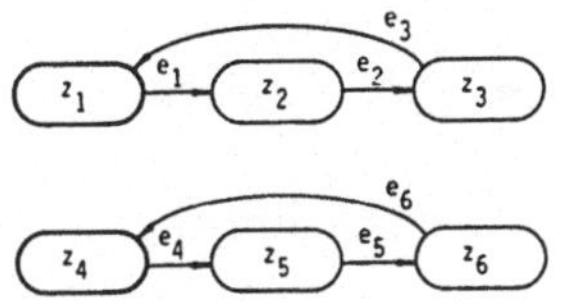 a	d
Globaler Zustandsgraph	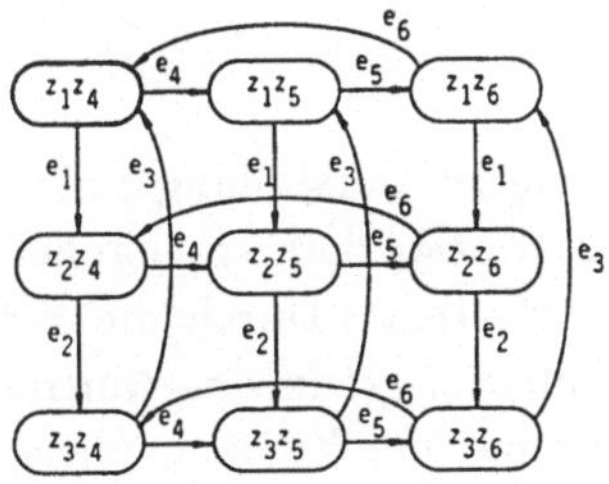 b	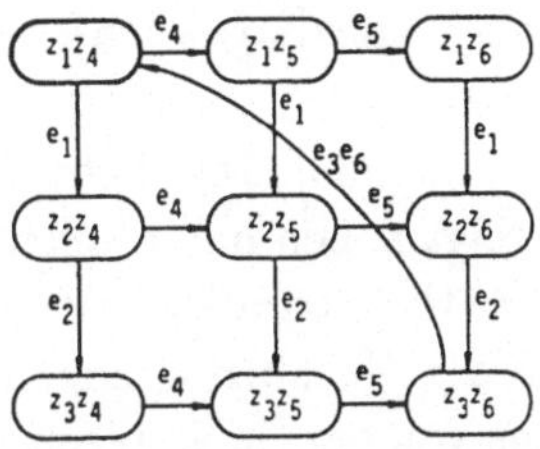 e
Petri-Netz	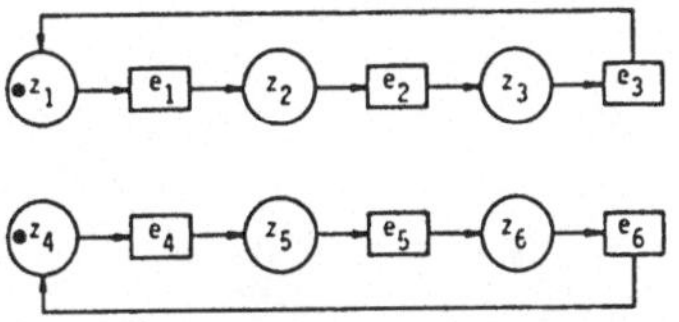 c	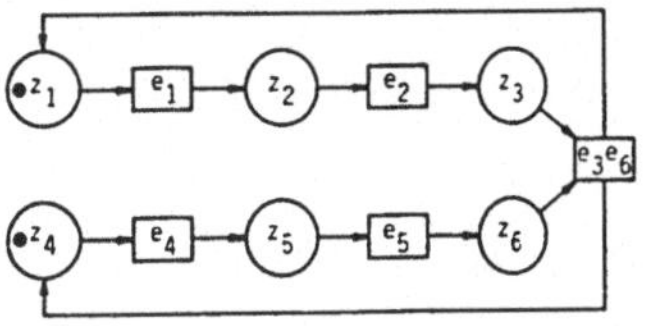 f

der aktuellen Markierung in dem Netz. Die unter einer Markierung aktivierten Transitionen zeigen Ereignisse auf, die ausgehend von diesem Zustand eintreten können.

Eine Ausweitung der hier genannten Interpretation von Petri–Netzen auf deren Erreichbarkeitsgraphen verdeutlicht, daß der Erreichbarkeitsgraph eines Petri–Netzes als Zustandsgraph aufgefaßt werden kann und daß mit Petri–Netzen eine kompaktere Darstellung sehr großer und sogar unendlicher Automaten möglich ist.

3.2 Synthese von Petri–Netzen

Die Modellbildung diskret gesteuerter Systeme mit Petri–Netzen wird eine tabellarische Zusammenstellung

- der in dem System aufretenden Ereignisse,

- der zum Eintreten der Ereignisse notwendigen Bedingungen
  (= Vorbedingungen) und

- der Beeinflussung des Systems durch das Eintreten von Ereignissen
  (= Nachbedingungen)

erleichtert [34]. Das Petri–Netz, das aus dieser Darstellung einfach zu gewinnen ist, zeigt neben den sequentiellen Abläufen besonders anschaulich die Kopplungen zeitlich paralleler Vorgänge in dem System. Durch die Berücksichtigung auch der Nachbedingungen (starke Schaltregel) kann das Auftreten von Ereignissen von der Zulässigkeit der damit verbundenen Zustandsübergänge abhängig gemacht werden.

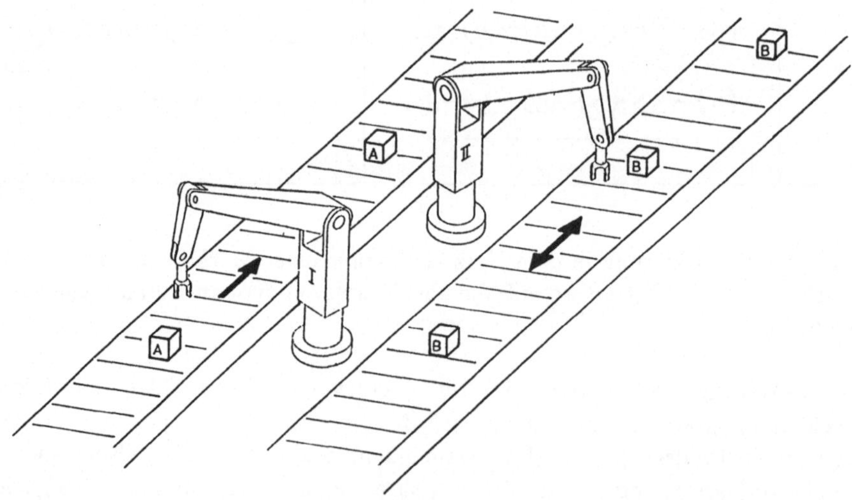

Abb. 3.1: Beispielsprozeß

Als Beispielsprozeß, der als Petri–Netz modelliert werden soll, diene der in Abbildung 3.1 dargestellte Ausschnitt zweier Fertigungsstraßen A und B, zwischen denen zwei Handhabungsgeräte I und II angebracht sind. Ferner sei angenommen, daß für die Bearbeitung von Werkstücken A beide Handhabungsgeräte benötigt werden, zur Bearbeitung von Werkstücken B jedoch nur Handhabungsgerät II

Tabelle 3.2: Bedingungen und Ereignisse des Beispielprozesses

Ereignis	Vorbedingung	Nachbedingung
1	1,7,8	2
2	2	3,7,8
3	4,8	5
4	5	6,8

Ereignisse (Transitionen)
1(3):Start der Bearbeitung von Werkstück A(B)
2(4):Ende der Bearbeitung von Werkstück A(B)

Bedingungen (Stellen)
1(4): Werkstück A(B) vor Bearbeitung
2(5): Werkstück A(B) in Bearbeitung
3(6): Werkstück A(B) bearbeitet
7   : Handhabungsgerät I frei
8   : Handhabungsgerät II frei

eingesetzt wird. In Tabelle 3.2 sind zunächst die Ereignisse und Bedingungen des skizzierten Systems zusammengestellt worden.

Abbildung 3.2 zeigt das aus der Tabelle unmittelbar abzuleitende B/E–Netz. Die gewählte Anfangsmarkierung drückt dabei aus, daß Werkstücke vorhanden und die Handhabungsgeräte frei sind.

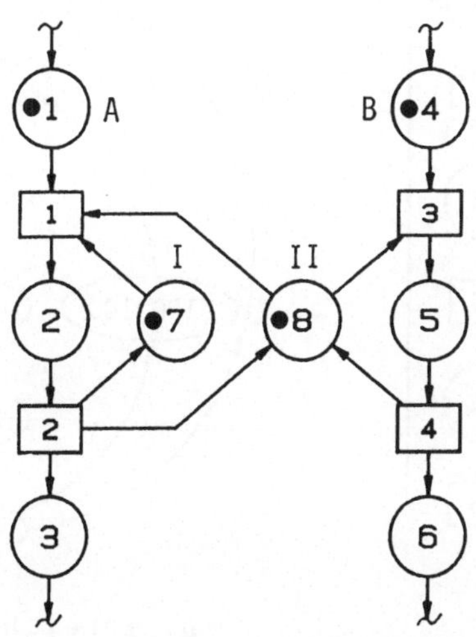

Abb. 3.2: Petri–Netz für den Beispielsprozeß

24

Das Petri-Netz läßt erkennen, daß beide Fertigungsstraßen nicht nur miteinander gekoppelt sind, sondern auch eine starke Abhängigkeit von vorangehenden bzw. nachfolgenden Fertigungsstationen aufweisen. Eine mögliche Verbesserung stellt hier der Einsatz von Puffern dar, die zur Zwischenspeicherung der Werkstücke dienen. Da Puffer oder Lager durch B/E–Netze nur sehr umständlich dargetellt werden können, liegt es nahe, die Modellierungsmöglichkeiten der S/T–Netze zu nutzen und den Stellen s_1, s_3, s_4 und s_6 entsprechende Kapazitäten zuzuordnen. Sollen auch mehrere Werkstücke gleichzeitig entnommen werden, so kann das Gewicht der entsprechenden Kanten dieses ausdrücken.

Es wird nun die Kopplung der nebenläufigen Prozesse näher betrachtet. In dem Petri–Netz in Abbildung 3.2 besteht diese in der Stelle s_8, die mit beiden sequentiellen Abläufen verbunden ist. Das durch diese Stelle modellierte Handhabungsgerät II erweist sich aufgrund dieser Verschaltung als Betriebsmittel nebenläufiger Prozesse, welches nur exklusiv nutzbar ist. Tritt dieser Fall in einem diskret gesteuerten System auf, so besteht grundsätzlich die Gefahr einer totalen Verklemmung. Zur Erläuterung dieses Zusammenhangs dienen zwei Varianten des vorgestellten Beispielsprozesses. In der ersten Variante soll jedes Werkstück A und B *nacheinander* von den Handhabungsgeräten I und II bearbeitet werden (vgl. Abbildung 3.3). Alternativ dazu wird in der zweiten Variante der Fall betrachtet, daß zur Bearbeitung der Werkstücke B der Einsatz der Handhabungsgeräte in *umgekehrter Reihenfolge* erfolgt (vgl. Abbildung 3.4).

Die Petri–Netze in den Abbildungen 3.3 und 3.4 können aus der verbalen Beschreibung des Prozesses ähnlich wie das Netz in Abbildung 3.2 gewonnen wer-

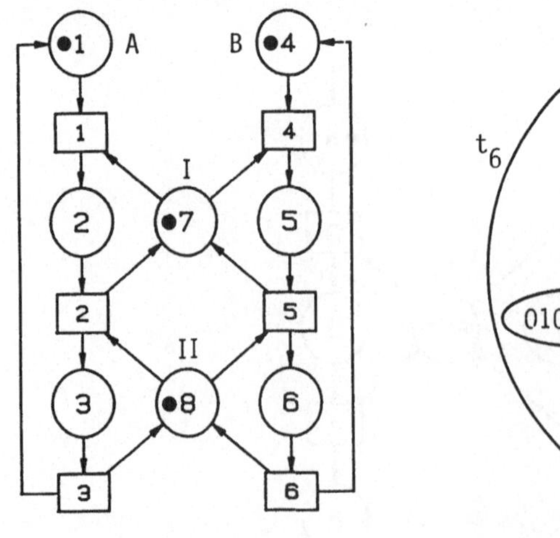

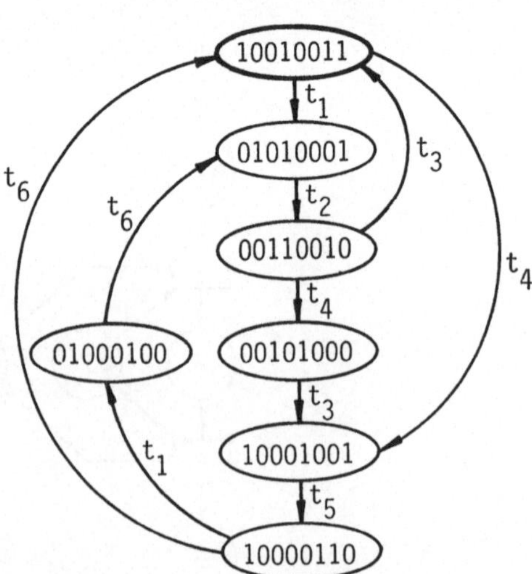

a) Petri-Netz

b) Erreichbarkeitsgraph

Abb. 3.3: Zwei Fertigungsstraßen mit *gleicher* ...

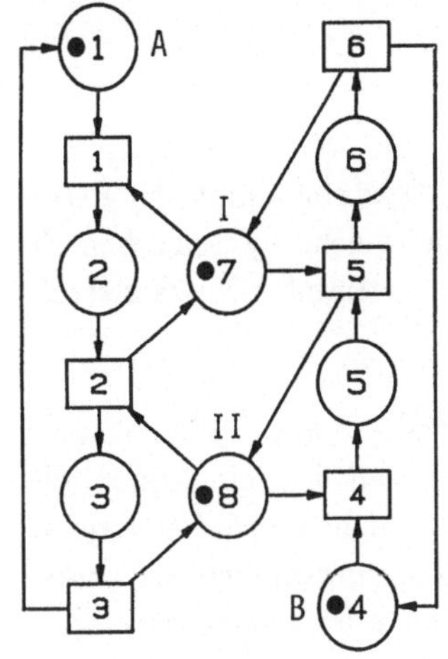

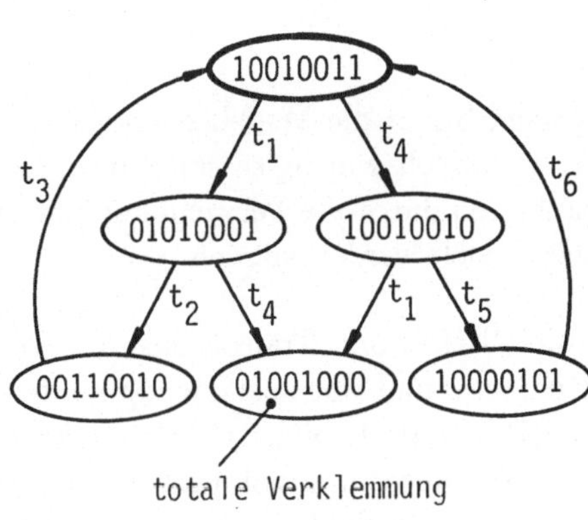

a) Petri-Netz   b) Erreichbarkeitsgraph

Abb. 3.4: ... und mit *unterschiedlicher* Bearbeitungsfolge

den. Die dabei zusätzlich eingeführten Kanten (t_3, s_1) und (t_6, s_4) dienen dazu, die dargestellten Teilsysteme einer Fertigungsstraße getrennt betrachten zu können. Zur Veranschaulichung des dynamischen Verhaltens sind den Petri–Netzen auch die entsprechenden Erreichbarkeitsgraphen gegenübergestellt.

Die Erreichbarkeitsgraphen zeigen, daß selbst Petri–Netze mit sehr ähnlicher Struktur große Unterschiede in ihrem dynamischen Verhalten aufweisen können. Im Gegensatz zu dem Netz in Abbildung 3.3 führt die gemeinsame Nutzung der Handhabungsgeräte nur durch Vertauschen der Reihenfolge in Abbildung 3.4 zu einer totalen Verklemmung, die im Erreichbarkeitsgraphen als Knoten ohne auslaufende Kante ausgewiesen wird.

3.3 Spezielle Netzklassen

Während bisher die Modellierung eines vorgegebenen Systems durch ein Petri-Netz behandelt wurde, so soll nun untersucht werden, welche dynamischen Eigenschaften durch die Verwendung bzw. Vermeidung bestimmter Netzkonstruktionen erzielt werden können.

Werden Stellen und Transitionen hintereinander geschaltet, wobei jeder Knoten nur eine ein- und eine auslaufende Kante besitzt, so ergeben sich rein *sequentielle Abläufe*, was in Abbildung 3.5 zu erkennen ist. Sollen mehrere solcher sequentiellen Teilprozesse koordiniert werden, so bieten sich grundsätzlich die beiden Alternativen an, die Kopplung durch gemeinsame Stellen oder gemeinsame Transitionen durchzuführen.

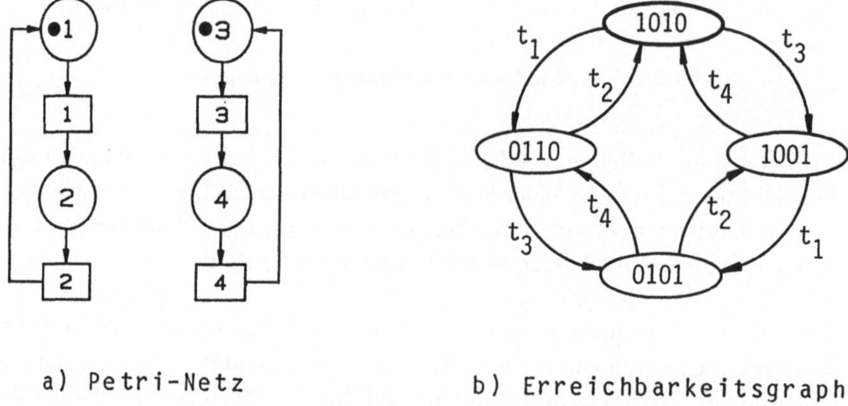

Abb. 3.5: Asynchrone sequentielle Teilprozesse

Aus dem Petri-Netz bzw. dessen Erreichbarkeitsgraphen in Abbildung 3.6 ist ersichtlich, daß die Kopplung über eine gemeinsame Stelle eine *wechselseitige Koordination* der asynchronen Teilprozesse bewirkt. In diesem Fall kann immer nur einer der beiden Teilprozesse ausgeführt werden, wobei durch das Netz nicht festgelegt wird, in welcher Weise sich diese abwechseln. Der Prozeßverlauf wird damit nicht mehr eindeutig durch das Netz bestimmt. Das Schalten der Transition t_1 deaktiviert die Transition t_3 (und umgekehrt) - es liegt ein Konflikt vor.

Dagegen ermöglicht die in Abbildung 3.7 gezeigte Kopplung über eine gemeinsame Transition eine *Synchronisation* der Teilprozesse. Das Schalten der Transition t_2 bewirkt den Start beider parallel ablaufender Teilprozesse, so daß die Nebenläufigkeiten beibehalten werden. Der Prozeßverlauf wird dabei weiterhin eindeutig durch das Netz beschrieben.

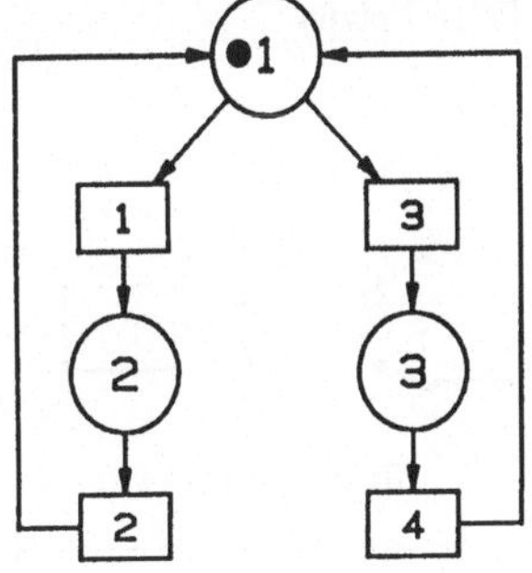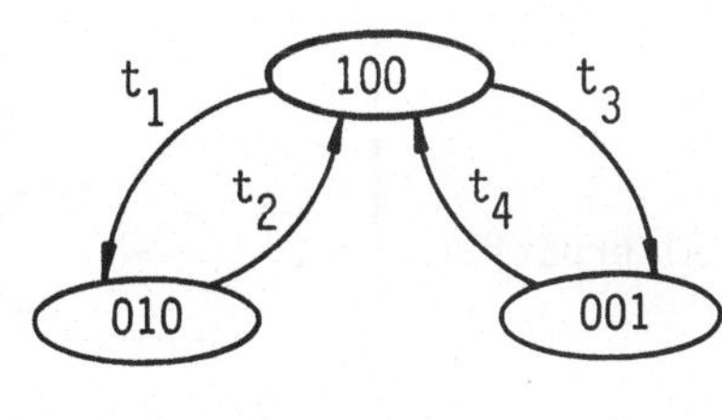

a) Petri-Netz   b) Erreichbarkeitsgraph

Abb. 3.6: Wechselseitige Koordination durch eine gemeinsame Stelle (eine lebendige Zustandsmaschine)

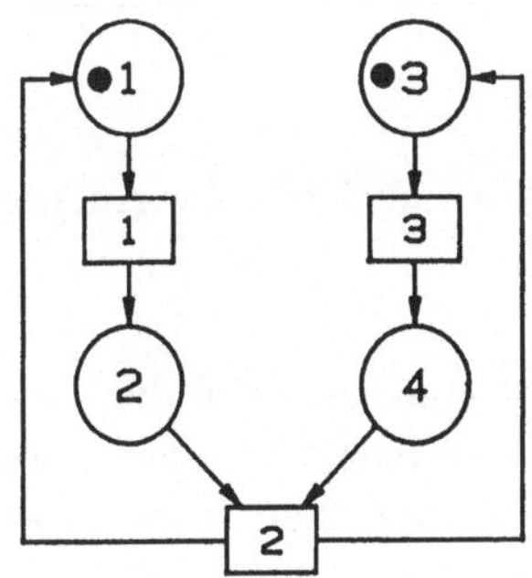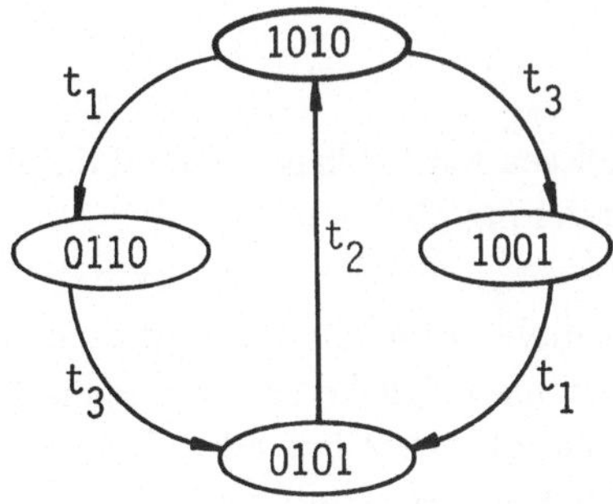

a) Petri-Netz   b) Erreichbarkeitsgraph

Abb. 3.7: Synchronisation durch eine gemeinsame Transition (ein lebendiger Synchronisationsgraph)

Zusammenfassend kann festgehalten werden, daß Petri–Netze die Darstellung von sequentiellen, alternativen und nebenläufigen Prozessen erlauben; dabei werden Alternativen durch Verzweigungen an Stellen und Nebenläufigkeiten durch Verzweigungen an Transitionen erzeugt. Unter Berücksichtigung der Richtungssinne der Kanten sind vier elementare Verknüpfungen zu unterscheiden, die in Tabelle 3.3 zusammengestellt sind [45]. Offensichtlich erlaubt der Einsatz dieser Verknüpfungen die Abbildung einer Vielfalt von Abläufen, die durchaus komplexe Kopplungen aufweisen können. Ein Petri–Netz, das all diese Verknüpfungen zuläßt, muß daher als sehr mächtiges Beschreibungsmittel angesehen werden. Die vorangegangenen Beispiele zeigten jedoch bereits, daß selbst bei recht überschaubaren Netzen das gewünschte dynamische Verhalten im allgemeinen nicht konstruktiv erzwungen, bzw. ein Fehlverhalten nicht unmittelbar aus dem Netz

Tabelle 3.3: Elementare Verknüpfungen in Petri–Netzen

Alternative	Verzweigung	Begegnung
Nebenläufig- keit	Aufspaltung	Synchronisation

abgelesen werden kann - zumal das dynamische Verhalten auch von der Anfangsmarkierung abhängt.

Aus dieser Problematik ergibt sich die Notwendigkeit einer Analyse der Petri-
Netze, um mögliche Fehler aufzudecken. Dazu einsetzbare Analyseverfahren werden ausführlicher den in Kapiteln 5 und 6 behandelt. Im Vorgriff auf diese Kapitel
soll hier nur erwähnt werden,

- daß notwendige und hinreichende Bedingungen z.B. für die Lebendigkeit eines
  Petri-Netzes nur über den Umweg der Konstruktion des Erreichbarkeitsgraphen zu gewinnen sind und

- daß die eleganter wirkenden Verfahren der linearen Algebra für allgemeine
  Petri-Netze lediglich notwendige Bedingungen liefern können.

Alternativ zu der Verwendung allgemeiner Petri-Netze kann durch den Verzicht
auf einige der in Tabelle 3.3 aufgeführten Verknüpfungen erreicht werden, daß ein
Petri-Netz bestimmte dynamische Eigenschaften entweder bereits a priori besitzt
oder daß zumindest die Aussagekraft von Analyseverfahren der linearen Algebra
vergrößert wird. Die auf diese Weise definierten speziellen Netzklassen bieten
gegenüber den allgemeinen Petri-Netzen natürlich nur eingeschränkte Modellierungsmöglichkeiten, die jedoch für viele Anwendungsfälle ausreichen mögen. Im
folgenden werden einige dieser Netzklassen und deren Eigenschaften verglichen.
Dabei werden ausschließlich solche Netzklassen betrachtet, deren Einschränkungen "online" bei der Netzsynthese überprüft werden können und nicht etwa einer
eigenen Analyse bedürfen.

Zur Bewertung der einzelnen Netzklassen wird jeweils die Aussagekraft von Analyseverfahren den (noch verbleibenden) Modellierungsmöglichkeiten gegenübergestellt. Stellvertretend für eine Reihe von Netzeigenschaften, die im Gegensatz zu den allgemeinen Petri–Netzen allein aufgrund der Netzstruktur und der Anfangsmarkierung entscheidbar sind, werden Kriterien für die Lebendigkeit dieser Netze genannt. Für den Nachweis weiterer Eigenschaften sei auf [34], [37] verwiesen.

Die Netzklassen der Zustandsmaschinen, der Synchronisationsgraphen und der Free–Choice–Netze, die hier behandelt werden sollen, gehören sämtlich zu der Klasse der *markierten Petri–Netze*. Damit werden kontaktfreie Petri–Netze bezeichnet, deren Kanten alle das Gewicht eins besitzen. Diese Festlegung wird auch ausgedrückt in der

Def. 3.1 (Markiertes Petri–Netz):

Ein kontaktfreies Petri–Netz N heißt markiertes Netz, falls gilt:

$$\forall(s_i, t_j) \in F : W(s_i, t_j) = 1 \quad \wedge \quad \forall(t_j, s_i) \in F : W(t_j, s_i) = 1 \quad .$$

Im Gegensatz zu B/E–Netzen können markierte Netze also auch Stellen enthalten, deren Kapazität größer als eins ist. Die Kontaktfreiheit stellt eine Forderung an die Netzstruktur bzw. an die Kapazität der Stellen dar, die sicherstellt, daß Schaltvorgänge ausschließlich von den Vorbedingungen abhängen.

Das dynamische Verhalten eines markierten Netzes ist dann sehr leicht zu überblicken, wenn keine Verzweigungen an Transitionen auftreten, d.h. wenn jede Transition genau eine Stelle im Vor- und Nachbereich bestitzt. Durch diese Restriktion gegenüber allgemeinen Petri–Netzen wird die Klasse der *Zustandsmaschinen* festgelegt; vgl. dazu die

Def. 3.2 (Zustandsmaschine):

Ein markiertes Petri–Netz N heißt Zustandsmaschine, falls gilt:

$$\forall t_j \in T : |\bullet t_j| = |t_j \bullet| = 1 \quad .$$

Ein Beispiel einer Zustandsmaschine zeigte bereits die Abbildung 3.6. Da in einem markierten Netz ein Markengewinn bzw. -verlust nur durch Verzweigungen an Transitionen erreicht werden kann, bleibt die Markenanzahl in einer Zustandsmaschine stets konstant. Aus dieser Überlegung läßt sich ein sehr einfaches Kriterium für die Lebendigkeit einer Zustandsmaschine ableiten, das formuliert wird in dem

Satz 3.1 (Lebendigkeit einer Zustandsmaschine):

Eine Zustandsmaschine N ist lebendig. $\Leftrightarrow$

N ist stark zusammenhängend und besitzt eine unter der Anfangsmarkierung M_0 markierte Stelle.

Aus Satz 3.1 folgt unmittelbar, daß jede lebendige Zustandsmaschine damit auch reversibel ist. Zur Erläuterung des Begriffs "stark zusammenhängend" sei auf Kapitel 5 verwiesen, in dem u.a. einige Grundbegriffe der Graphentheorie erläutert werden.

Die Überschaubarkeit des dynamischen Verhaltens von Zustandsmaschinen wird durch sehr große Einschränkungen in den Modellierungsmöglichkeiten erkauft. Alternativen im Prozeßverlauf können durch verzweigte Stellen abgebildet werden, wobei an jeder Stelle mit mehreren Transitionen im Nachbereich ein Konflikt auftritt. Start und Synchronisation von nebenläufigen Prozessen sind jedoch nicht möglich. Da gerade die Darstellung von Nebenläufigkeiten den Vorteil der Petri–Netze gegenüber den Zustandsgraphen ausmacht, hat die Netzklasse der Zustandsmaschinen nur eingeschränktes Interesse gefunden.

Die Klasse der *Synchronisationsgraphen* kann hinsichtlich der Restriktionen und der Modellierungsmöglichkeiten als dual zu den Zustandsmaschinen aufgefaßt werden. Synchronisationsgraphen sind markierte Netz mit unverzweigten Stellen; d.h. jede Stelle besitzt genau eine Transition im Vor- und Nachbereich. Dies wird auch ausgedrückt durch die

Def. 3.3 (Synchronisationsgraph):

Ein markiertes Petri–Netz N heißt Synchronisationsgraph, falls gilt:

$$\forall s_i \in S : | \bullet s_i| = |s_i \bullet| = 1 \qquad .$$

Die dynamsichen Eigenschaften eines Synchronisationsgraphen werden durch sogenannte Kreise in dem Netz bestimmt. Als Kreis wird hier eine Menge von Stellen auf einem geschlossenen Weg bezeichnet, welcher ausgehend von einer Transition wieder zu derselben Transition führt. Der Synchronisationsgraph in der zuvor gezeigten Abbildung 3.7 besitzt beispielsweise die Kreise $\{s_1, s_2\}$ und $\{s_3, s_4\}$. Für jede Marke eines Kreises, die beim Schalten einer Transition abgezogen wird, tritt wieder genau eine Marke in den Kreis ein, da die Stellen unverzweigt sind. Offenbar bleibt die Markenanzahl auf jedem Kreis eines Synchronisationsgraphen konstant. Hieraus läßt sich - ähnlich wie bei den Zustandsmaschinen - ein Kriterium für die Lebendigkeit eines Synchronisationsgraphen ableiten, formuliert durch den

Satz 3.2 (Lebendigkeit eines Synchronisationsgraphen):

Ein Synchronisationsgraph N ist lebendig. $\Leftrightarrow$

N ist stark zusammenhängend und jeder Kreis von N besitzt eine unter der Anfangsmarkierung M_0 markierte Stelle.

Mit Synchronisationsgraphen können nebenläufige Prozesse und deren Synchronisationen, hingegen keine Alternativen dargestellt werden. Synchronisationsgraphen sind somit a priori konfliktfrei. Im Gegensatz zu Zustandsmaschinen sind demnach eine Reihe von Prozessen denkbar, zu deren Abbildung sich Synchronisationsgraphen anbieten. Allerdings sind auch die Modellierungsmöglichkeiten des Synchronisationsgraphen begrenzt und oft kann auf die Einbeziehung von Alternativen nicht verzichtet werden.

Diese Problematik führte zur Definition der *Free–Choice–Netze*, die von HACK [14] vorgeschlagen wurde. Mit dieser Netzklasse wird das Ziel verfolgt, die Modellierungsmöglichkeiten der Zustandsmaschinen (Alternativen) und die der Synchronisationsgraphen (Nebenläufigkeiten) zu vereinen, wobei die die Netzanalyse erschwerenden Konflikte restriktiver kontrolliert werden können als dies allgemeine Petri–Netze erlauben. Dazu ist zu fordern, daß ein Konflikt, der an einer Stelle auftritt, nicht von (nebenläufig eintretenden) Markierungen anderer Stellen abhängt. Wenn demnach der Nachbereich einer Stelle aus mehr als nur einer Transition besteht (potentieller Konflikt), so darf keine dieser Transition noch andere Stellen in ihrem Vorbereich besitzen. Diese Forderung wird ebenfalls ausgedrückt durch die

Def. 3.4 (Free–Choice–Netz):

Ein markiertes Petri–Netz N heißt Free–Choice–Netz, falls gilt:

$$\forall s_i \in S, \forall t_j \in s_i \bullet : [s_i \bullet = \{t_j\} \vee \bullet t_j = \{s_i\}] \qquad .$$

Beim Eintritt eines Konfliktes erlaubt ein Free–Choice–Netz daher die "freie Auswahl", welche Transition im Nachbereich der entsprechenden Stelle schalten soll. Zur Erläuterung diene das Free–Choice–Netz in Abbildung 3.8. Ein Kriterium für die Lebendigkeit eines Free–Choice–Netzes kann auf die Markierung bestimmter Stellenmengen, den sogenannten Deadlocks und Traps, zurückgeführt werden. Ein *Deadlock* S_D genügt der Bedingung, daß jede Transition, die beim Schalten Marken in S_D einbringt, auch wenigstens eine Marke aus S_D entnimmt; vgl. dazu die

Def. 3.5 (Deadlock):

Eine Stellenmenge S_D eines markierten Petri–Netzes N heißt Deadlock, falls gilt:

$$\forall t_j \in T : t_j \in \bullet S_D \Rightarrow t_j \in S_D \bullet \qquad .$$

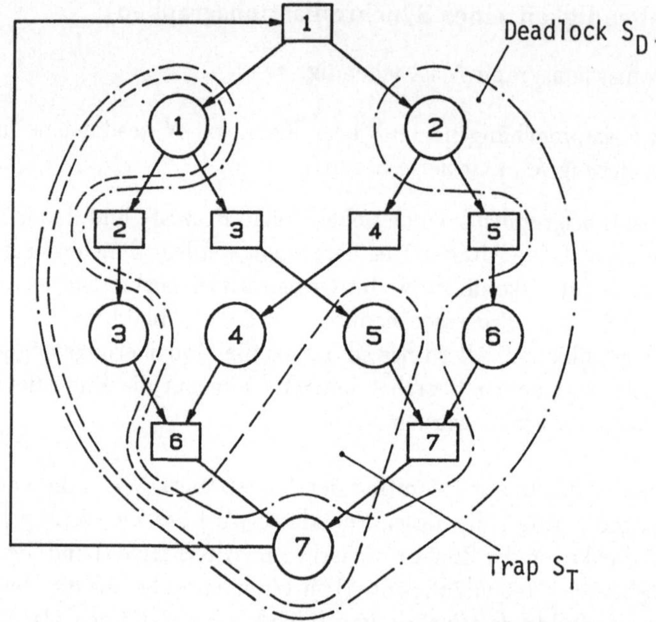

Abb. 3.8: Ein (nicht lebendiges) Free–Choice–Netz (nach [37])

Falls ein Deadlock unmarkiert wird, so kann keine Transition mehr aktiviert werden, die diesen wieder mit Marken füllen könnte. Ein unmarkierter Deadlock wird daher nie wieder markiert. Eine zum Deadlock duale Stellenmenge stellt der Trap dar. Ein *Trap* S_T ist dadurch charakterisiert, daß jede Transition, die Marken aus S_T entnimmt, auch wenigstens eine Marke an S_T zurückgibt; vgl. dazu die

Def. 3.6 (Trap):

Eine Stellenmenge S_T eines markierten Petri–Netzes N heißt Trap, falls gilt:

$$\forall t_j \in T : t_j \in S_T\bullet \Rightarrow t_j \in \bullet S_T \quad .$$

Zur Entnahme von Marken aus einem Trap ist also ein Schalten von Transitionen erforderlich, die wiederum Marken in den Trap hineinbringen. Ein markierter Trap kann damit niemals unmarkiert werden. Enthält ein Deadlock S_D eines Netzes einen markierten Trap S_T als Teilmenge ($S_T \subseteq S_D$), so kann S_D ebenfalls nie alle Marken verlieren. In [14] wird gezeigt, daß aus dieser Eigenschaft eine notwendige und hinreichende Bedingung für die Lebendigkeit eines Free–Choice–Netzes abgeleitet werden kann. Dies ist der Inhalt von

Satz 3.3 (Lebendigkeit eines Free–Choice–Netzes):

Ein Free–Choice–Netz N ist lebendig. $\Leftrightarrow$

Jeder Deadlock von N enthält einen unter der Anfangsmarkierung M_0 markierten Trap.

Die Anwendung des Satzes 3.3 auf das Free–Choice–Netz in Abbildung 3.8 zeigt, daß das Netz nicht lebendig ist, da - wie eingezeichnet - ein Deadlock existiert, der keinen markierten Trap als Teilmenge besitzt. In dem Netz ist sogar eine totale Verklemmung möglich, die z.B. nach der Schaltsequenz $\sigma = t_1, t_2, t_5$ eintritt.

Im Vergleich zu Zustandsmaschinen und Synchronisationsgraphen stellen Free–Choice–Netze sicherlich den günstigsten Kompromiß zwischen den Einschränkungen der Modellierungsmöglichkeiten und der Aussagekraft von Analyseverfahren dar. Jedoch sind durchaus auch Systeme denkbar, die nicht mit Free–Choice–Netzen abgebildet werden können. Als Beispiel hierfür sei nur ein System genannt, in dem eine exklusive Nutzung gemeinsamer Betriebsmittel durch nebenläufige Prozesse stattfindet - wie u.a. in den Netzen der Abbildungen 3.3 und 3.4. Aus dem Netzmodell eines solchen Systems ist ersichtlich, daß dann stets eine Stelle (das Betriebsmittel) mehrere Transitionen (der nebenläufigen Prozesse) im Nachbereich besitzen müßte, die wiederum noch andere Stellen im Vorbereich haben. Dies stellt einen Verstoß gegen die Definition der Free–Choice–Netze dar.

Einen Überblick über die Eigenschaften der hier behandelten speziellen Netzklassen ermöglicht die Zusammenstellung in Tabelle 3.4, in der auch Beispiele für erlaubte und verbotene Netzkonstruktionen aufgeführt sind.

Tabelle 3.4: Eigenschaften spezieller Netzklassen

Netzklasse	erlaubte Konstruktionen	verbotene Konstruktionen	Eigenschaften
Zustandsmaschine	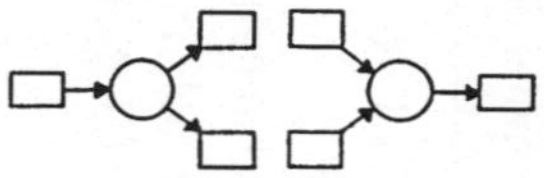	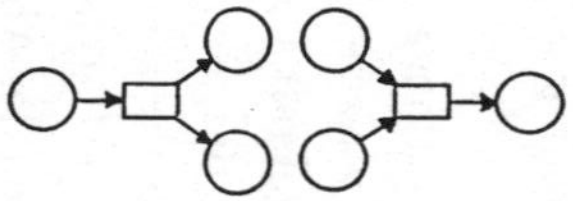	• Alternativen und Konflikte möglich • keine Nebenläufig-keiten • verklemmungsfrei
Synchronisationsgraph	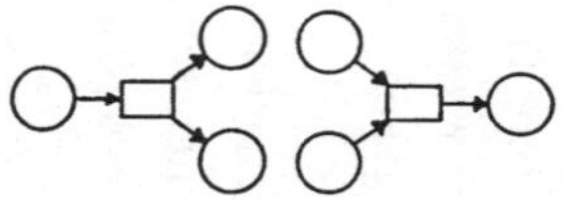	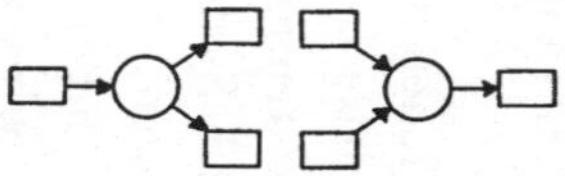	• Nebenläufigkeiten und deren Synchro-nisation möglich • keine Alternativen • konfliktfrei
Free-Choice-Netz	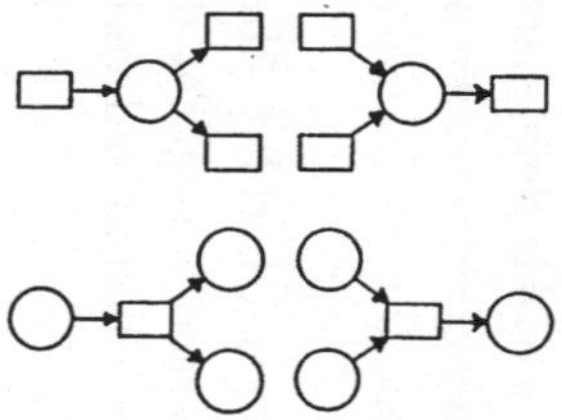	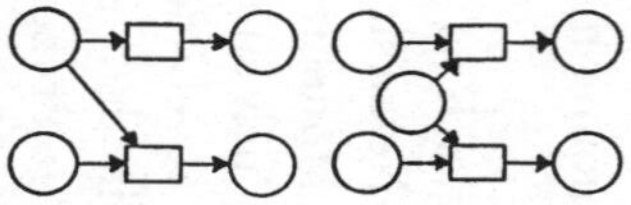	• Alternativen und Nebenläufigkeiten möglich • keine Darstellung exklusiv nutzbarer Betriebsmittel

3.4 Netze mit individuellen Marken

Häufig enthalten diskret gesteuerte Systeme mehrere in Aufbau und Funktion ähnliche Teilsysteme. Bei der Modellierung durch S/T–Netze ist es unumgänglich, jedes solcher Teilsysteme durch ein eigenes Teilnetz zu beschreiben. Die Syntax der S/T–Netze erlaubt keine zusammenfassende Darstellung, welche der Ähnlichkeit von Teilsystemen Rechnung trägt. Aufgrund dieser Erkenntnis wurden gegen Ende der siebziger Jahre sogenannte *höhere Netzklassen* eingeführt, welche als Erweiterung der Klasse der S/T–Netze anzusehen sind (s.u.a. [12],[13],[20], [40]). Der Grundgedanke der Erweiterung besteht darin, von den "schwarzen", nicht unterscheidbaren Marken der S/T–Netze abzugehen und *individuelle Marken* zuzulassen, die somit zu Informationsträgern werden. Aus der Vielzahl der Netzklassen mit individuellen Marken werden im folgenden zwei vielzitierte Stellvertreter,

- die *farbigen (coloured) Petri–Netze* (CP–Netze) und

- die *Prädikat/Transitionen–Netze* (Pr/T–Netze)

behandelt. Auf die vollständige, mathematisch exakte Behandlung der CP– und Pr/T–Netze wird dabei bewußt verzichtet; hierzu möge bei Bedarf die bereits genannte Spezialliteratur herangezogen werden. Vielmehr soll an Hand eines überschaubaren Netzes die Grundidee dieser Netze vermittelt und deren Vor- und Nachteile auch im Vergleich zu den S/T–Netzen erläutert werden. Hierzu wird ein S/T–Netz in zwei Schritten, nämlich

- zunächst durch Zusammenfassen gleichartiger Stellen und

- anschließend durch Zusammenfassen gleichartiger Transitionen

reduziert. Die mathematische Beschreibung wird dann jeweils für die Betrachtung als CP–Netz und als Pr/T–Netz aufgestellt.

Als Beispielnetz, an dem die genannte Reduzierung vorgenommen werden soll, diene das in Abbildung 3.9 gezeigte. Dieses Netz kann - in Anlehnung an Abbildung 3.2 - als Modell zweier Fertigungsstraßen angesehen werden, auf denen Werkstücke vom Typ A und B bearbeitet werden. Zu erkennen sind in diesem S/T–Netz zwei ähnliche Teilsysteme, welche sich jedoch in der Zuordnung der Handhabungsgeräte I und II unterscheiden: Während die Bearbeitung der Werkstücke vom Typ A den Einsatz beider Handhabungsgeräte erfordert, wird für die Werkstücke vom Typ B allein das Handhabungsgerät II benötigt.

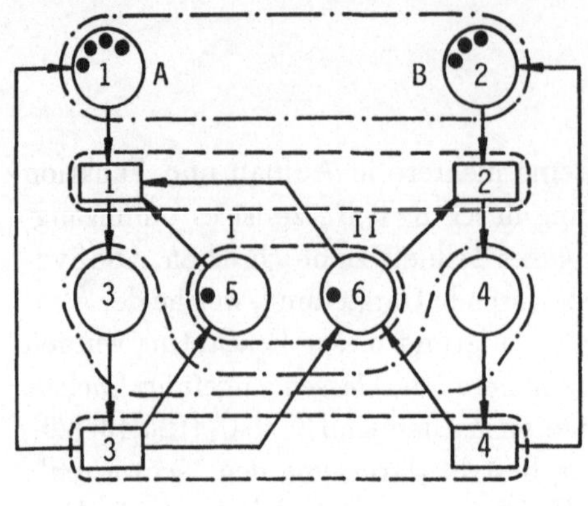

S \ T	1	2	3	4
1	-1	0	1	0
2	0	-1	0	1
3	1	0	-1	0
4	0	1	0	-1
5	-1	0	1	0
6	-1	-1	1	1

S/T-Netz   Netzmatrix

Abb. 3.9: S/T–Netz und dessen Netzmatrix

Als erster Schritt, mit dem das S/T–Netz reduziert werden kann, ist nun denkbar, zunächst die gleichartigen *Stellen* zusammenzufassen, d.h. diese durch jeweils eine einzige zu ersetzen. Im vorliegenden Fall bieten sich hierzu

- die Stellen s_1, s_2 ("Werkstück vor Bearbeitung"),

- die Stellen s_3, s_4 ("Werkstück in Bearbeitung") und

- die Stellen s_5, s_6 ("Handhabungsgerät verfügbar")

an, was bereits durch die Umrandungen in Abbildung 3.9 angedeutet wurde. Bei dem Zusammenfassen der Stellen darf jedoch keine Information verloren gehen; auch in dem reduzierten Netz muß erkennbar bleiben, welchen Typs ein Werkstück ist und welches der Handhabungsgeräte eingesetzt bzw. benötigt wird. Dieses ist nur möglich, wenn

- die Marken der zusammengefaßten Stellen unterscheidbar werden und

- die Kanten mit Anschriften versehen werden, welche die ursprünglichen Schaltbedingungen wiedergeben.

Beides wurde in dem in Abbildung 3.10 gezeigten Netz berücksichtigt, welches aus dem Netz in Abbildung 3.9 nach Zusammenfassen der Stellen hervorgegangen ist und dennoch den gleichen Informationsgehalt besitzt.

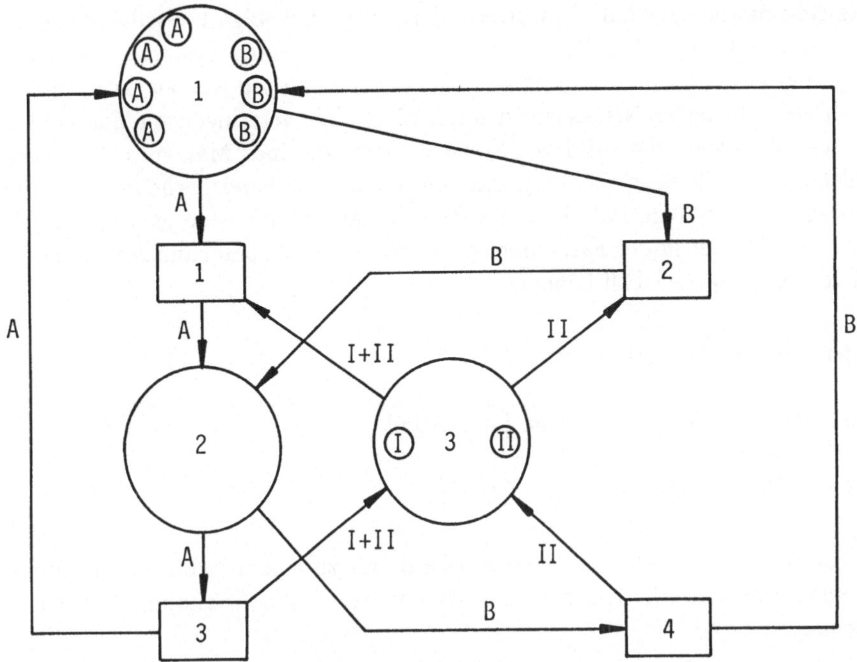

Abb. 3.10: Petri–Netz mit individuellen Marken nach Zusammenfassen der Stellen (vgl. Abb. 3.9)

Statt "schwarzer" fließen nun individuelle Marken in dem Petri–Netz; sie sind vom Typ A,B,I oder II. Neben den strukturellen Vorgaben, die aus den Netzknoten und deren Verknüpfungen erwachsen, wird der Markenfluß in dem Petri–Netz von dem jeweiligen Markentyp mitbestimmt. Die Kantenanschriften legen nämlich fest,

- welche Marken zur Aktivierung einer Transition erforderlich sind und beim Schalten von den Stellen des Vorbereichs dieser Transition abgezogen werden und

- welche Marken mit dem Schaltvorgang den Stellen des Nachbereichs zugeführt werden.

Beispielsweise würde in dem betrachteten Netz aus Abbildung 3.10 ein Schalten der Transition t_1 dazu führen, daß von der Stelle s_1 eine Marke des Typs A und von der Stelle s_3 zwei Marken, eine des Typs I und eine des Typs II, abgezogen werden; gleichzeitig wird der Stelle s_2 eine Marke des Typs A zugeführt. Das Schalten der dann aktivierten Transition t_3 stellt die Anfangsmarkierung wieder her.

Hinsichtlich der mathematischen Beschreibung des Petri–Netzes aus Abbildung 3.10 sollen nun zwei unterschiedliche Ansätze betrachtet werden. Der erste Ansatz geht davon aus, daß es nicht erforderlich ist, beliebige Individualitäten der Marken zuzulassen. Mit Blick auf die zu modellierenden Systeme, die in aller Regel nur endlich viele gleichartige Teilsysteme enthalten werden, kann für jede Stelle des reduzierten Netzes eine diskrete Menge von verschiedenen Markentypen angegeben werden, die auf dieser Stelle zu erwarten sind. Man spricht dann - in Anlehnung an die ehemals "schwarzen" Marken - von einer *Farbenmenge*, deren Festlegung die völlige Individualität der Marken dahingehend einschränkt, daß diese nur eine der in der Farbenmenge angeführten "Farben" annehmen können. Im vorangegangenen Fall können

- der Stelle s_1 die Farbenmenge $\{A, B\}$,

- der Stelle s_2 die Farbenmenge $\{A, B\}$ und

- der Stelle s_3 die Farbenmenge $\{I, II\}$

zugeordnet werden. Das Petri–Netz wird damit zu einem farbigen; die entsprechende mathematische Beschreibung als *CP–Netz* ist in Abbildung 3.11 wiedergegeben.

S \ T		1	2	3	4
1	A B	$\begin{bmatrix} -1 \\ 0 \end{bmatrix}$	$\begin{bmatrix} 0 \\ -1 \end{bmatrix}$	$\begin{bmatrix} 1 \\ 0 \end{bmatrix}$	$\begin{bmatrix} 0 \\ 1 \end{bmatrix}$
2	A B	$\begin{bmatrix} 1 \\ 0 \end{bmatrix}$	$\begin{bmatrix} 0 \\ 1 \end{bmatrix}$	$\begin{bmatrix} -1 \\ 0 \end{bmatrix}$	$\begin{bmatrix} 0 \\ -1 \end{bmatrix}$
3	I II	$\begin{bmatrix} -1 \\ -1 \end{bmatrix}$	$\begin{bmatrix} 0 \\ 1 \end{bmatrix}$	$\begin{bmatrix} 1 \\ 1 \end{bmatrix}$	$\begin{bmatrix} 0 \\ 1 \end{bmatrix}$

Abb. 3.11: Netzmatrix des Petri–Netzes aus Abb. 3.10 als CP–Netz

Der direkte Vergleich mit der Abbildung 3.9 zeigt Ähnlichkeiten mit der Netzmatrix des ursprünglichen S/T–Netzes auf. Das Zusammenfassen der Stellen erfordert jedoch, daß die ehemals skalaren Matrixelemente zu Vektoren werden. Diese Vektoren zeigen die jeweiligen Schaltbedingungen unter Berücksichtigung der Markenfarbe an. So kann der zuvor ausführlich beschriebene Schaltvorgang der Transition t_1 mit Blick auf die erste Spalte dieser Netzmatrix nachvollzogen werden.

Will man hingegen - aus welchen Gründen auch immer - von der Festlegung diskreter Farbenmengen absehen, um völlige Freiheit in der Individualität der Marken zuzulassen, so muß in Kauf genommen werden, daß die Markentypen und deren Verknüpfungen als Elemente der Netzmatrix auftreten. Man erhält somit Petri–Netze, welche strukturell weit weniger festgelegt sind. Die Stellen dieser Netze werden auch als "Prädikate" bezeichnet, weil sie offenbaren, welche Eigenschaften für die individuellen Marken zutreffen. Abbildung 3.12 zeigt die Netzmatrix für das Petri–Netz aus Abbildung 3.10, wenn dieses als *Pr/T–Netz* aufgefaßt wird.

S \ T	1	2	3	4
1	-A	-B	A	B
2	A	B	-A	-B
3	-(I+II)	-II	I+II	II

Abb. 3.12: Netzmatrix des Petri–Netzes aus Abb. 3.10 als Pr/T–Netz

Während bisher die gleichartigen Stellen des S/T–Netzes aus Abbildung 3.9 zusammengefaßt worden sind, so blieben die Transitionen dabei noch unverändert erhalten. Es liegt daher nahe, in einem zweiten Schritt auch die gleichartigen Transitionen durch jeweils eine einzige zu ersetzen, und zwar

- die Transitionen t_1, t_2 ("Start der Bearbeitung") und

- die Transitionen t_3, t_4 ("Ende der Bearbeitung").

Abbildung 3.13 zeigt das Petri–Netz, welches aus einer entsprechenden Reduzierung des Petri–Netzes aus Abbildung 3.10 hervorgegangen ist.

Zur mathematischen Beschreibung dieses Netzes als *CP–Netze* müssen zusätzliche Farbenmengen definiert und den Transitionen zugeordnet werden, damit die unterschiedliche Bearbeitung der Werkstücke A und B weiterhin in dem Netzmodell berücksichtigt wird. Im vorliegenden Fall können

- der Transition t_1 die Farbenmenge $\{A, B\}$ und

- der Transition t_2 die Farbenmenge $\{A, B\}$

zugeordnet werden, da in beiden Fällen Marken der Farben A und B zu erwarten sind. Die entsprechende Netzmatrix zeigt Abbildung 3.14. Die Elemente

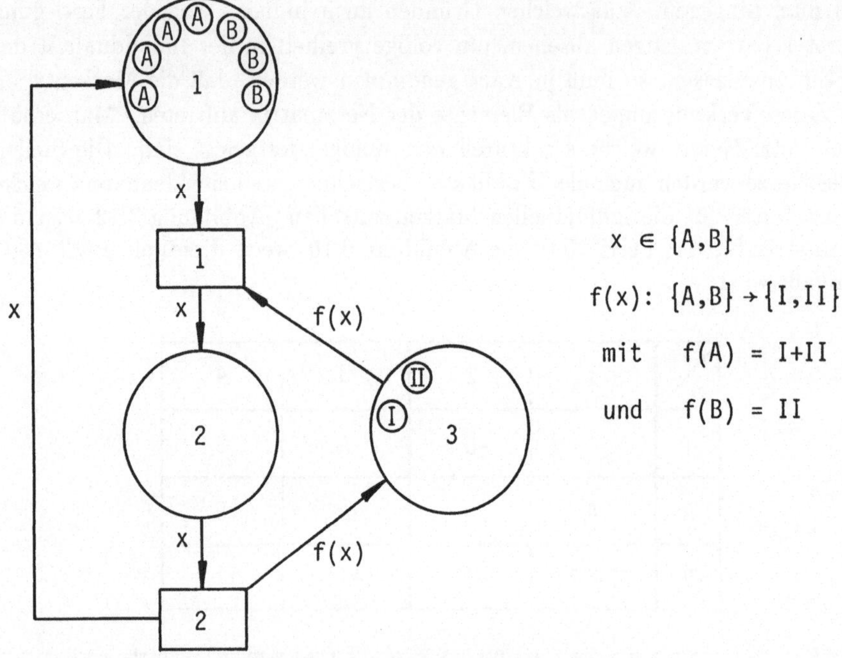

Abb. 3.13: Petri–Netz mit individuellen Marken nach Zusammenfassen der Transitionen (vgl. Abb. 3.9 und 3.10)

S \ T		1 (A B)	2 (A B)
1	A B	$\begin{bmatrix} -1 & 0 \\ 0 & -1 \end{bmatrix}$	$\begin{bmatrix} 1 & 0 \\ 0 & 1 \end{bmatrix}$
2	A B	$\begin{bmatrix} 1 & 0 \\ 0 & 1 \end{bmatrix}$	$\begin{bmatrix} -1 & 0 \\ 0 & -1 \end{bmatrix}$
3	I II	$\begin{bmatrix} -1 & 0 \\ -1 & -1 \end{bmatrix}$	$\begin{bmatrix} 1 & 0 \\ 1 & 1 \end{bmatrix}$

Abb. 3.14: Netzmatrix des Petri–Netzes aus Abb. 3.13 als CP–Netz

der Netzmatrix sind nun Blockmatrizen. Sie geben an, wie eine Transition mit einer Stelle verknüpft ist, wobei die Unterschiede, die aus der Individualität der Marken erwachsen, berücksichtigt werden.

Die Beschreibung des Petri–Netzes aus Abbildung 3.13 als *Pr/T–Netz* bedeutet nun, Variablen und Funktionen als Matrixelemente zuzulassen. Eine - auch für Analysezwecke verwendbare - Ablage dieser Matrix im Digitalrechner wird hierdurch nicht gerade erleichtert. Die entsprechende Netzmatrix ist der Abbildung 3.15 zu entnehmen.

S \ T	1	2
1	$-x$	x
2	x	$-x$
3	$-f(x)$	$f(x)$

$$x \in \{A,B\}$$
$$f(x): \{A,B\} \to \{I,II\}$$
$$\text{mit} \quad f(A) = I+II$$
$$\text{und} \quad f(B) = II$$

Abb. 3.15: Netzmatrix des Petri–Netzes aus Abb. 3.13 als Pr/T–Netz

Die vermeintliche Einfachheit dieser Netzmatrix darf nicht darüber hinwegtäuschen, daß diese das Netzverhalten nur sehr global beschreibt und die eigentlichen Informationen in zusätzlich zur Netzmatrix zu treffenden Festlegungen, und zwar in

- dem Definitionsbereich der Variablen x und

- der Abbildungsvorschrift der Funktion $f(x)$

enthalten sind. Der Sinn der vorliegenden Reduzierung wird somit fraglich, da das Petri–Netz offenbar nur deshalb übersichtlich geworden ist, weil die graphisch wiedergebbaren, strukturellen Merkmale an Informationsgehalt verloren haben.

Aus dem Vergleich der Petri–Netze und deren Netzmatrizen, die an Hand des betrachteten Beispielnetzes aufgestellt und erläutert worden sind, konnten die Grundidee dieser Netzklassen und deren Unterschiede entnommen werden. Die Gegenüberstellung der S/T–, der CP– und der Pr/T–Netze soll nun mit einer kurzen Bewertung abgeschlossen werden. Die Frage, welche Netzklasse denn die richtige sei, kann sicher nicht pauschal beantwortet werden. Die Vor- und Nachteile, die die Verwendung einer höheren Netzklasse mit sich bringt, hängen zu sehr von dem jeweiligen Anwendungsfall ab. Zweifelsohne können diskret gesteuerte Systeme, besonders wenn sie mehrere gleichartige Teilsysteme enthalten, durch Petri–Netze höherer Klassen übersichtlicher, d.h. mit wesentlich weniger

Netzknoten modelliert werden. Die vorangegangenen Ausführungen zeigten jedoch auch, daß eine gewisse Skepsis berechtigt ist, wenn die Reduzierung der Netzknoten zum Selbstzweck wird.

Im Extremfall kann beispielsweise jedes S/T–Netz in ein Pr/T–Netz überführt werden, welches aus nur einer Stelle und nur einer Transition (und deren Verbindungen) besteht. Die gesamte Information, die in dem S/T–Netz steckte, verbirgt sich dann hinter der Individualität der Marken und den Kantenanschriften, d.h. den Schaltbedingungen. Die graphische Darstellung des Petri–Netzes wird damit überflüssig: Das Netz wird durch eine formale Beschreibung der Zustände und Zustandsübergänge ersetzt. Auch wenn dieser Extremfall etwas konstruiert erscheint, so zeigt er doch die generelle Problematik auf. Mit jeder Reduzierung, welche prinzipiell durch Zusammenfassen von Stellen und Transitionen möglich ist, verliert ein Netz an *transparenter Information*, die durch die graphische Darstellung des Netzes wiedergegeben werden kann. Dieses gilt umso mehr, wenn auch Knoten zusammengefaßt werden, deren Einbindungen im Netz größere Unterschiede aufweisen.

Neben dem Verlust an transparenter Information sind bei der Verwendung höherer Netzklassen auch Bedenken hinsichtlich der *Analysierbarkeit* angebracht.

Werden die strukturellen Zwänge der S/T–Netzsyntax soweit aufgeweicht, daß - wie z.B. bei Pr/T–Netzen üblich - völlige Individualität der Marken zugelassen wird, Variablen und Funktionen als Schaltbedingungen fungieren können, so erhält man hiermit zweifelsfrei ein sehr mächtiges Beschreibungsmittel. Allein das Umsetzen der Schaltregel in eine Form, die auch von einem Digitalrechner ausgeführt werden kann, birgt dann jedoch eine Reihe von Schwierigkeiten - ganz abgesehen von den Problemen, die beispielsweise bei der algebraischen Analyse zu erwarten sind. Wenig überzeugend klingt dann auch der Vorschlag, ein Pr/T–Netz zum Zweck der Analyse in ein S/T–Netz zu transformieren, was natürlich grundsätzlich möglich ist.

Anders als bei den Pr/T–Netzen trägt die Syntax der CP–Netze, die - wie das vorangegangene Beispiel zeigte - eng an der Syntax der S/T–Netze angelehnt ist, durchaus den Erfordernissen einer rechnergestützten Ablage und Analyse Rechnung. Die in Kapitel 5 und 6 behandelten Analyseverfahren für S/T–Netze können daher auch auf CP–Netze übertragen werden, ohne daß hierauf an dieser Stelle näher eingegangen werden soll. Andererseits erscheint der Zwang, für ein CP–Netz eine endliche Farbenmenge definieren zu müssen, durchaus erträglich. Schließlich ist die Verwendung einer höheren Netzklasse ohnehin nur dann von Vorteil, wenn (endlich viele) gleichartige Teilsysteme zusammenzufassen sind. Vor diesem Hintergrund können die CP–Netze als sinnvolle Ergänzung angesehen werden, während die Pr/T–Netze für die hier verfolgten Ziele wenig Nutzen versprechen.

3.5   Dynamische Netzeigenschaften

Zur Auswertung von Netzmodellen diskret gesteuerter Systeme sind grundsätzlich zwei sich ergänzende Vorgehensweisen, d.h. Analysen des ungesteuerten
und des gesteuerten Systems, denkbar. Eine Analyse des ungesteuerten Systems
weist etwa auf die Möglichkeit prozeßbedingter "kritischer" Zustände, wie z.B.
Verklemmungen oder Konflikte, hin und formuliert damit Aufgaben, die eine zu
entwerfende Steuerung erfüllen muß. Werden dagegen die logischen Verknüpfungen einer Steuerung in das Netzmodell integriert, so zeigt eine Analyse, ob der
Einsatz dieser Steuerung das gewünschte Systemverhalten in allen erdenklichen
Situationen gewährleistet. Für diesen Fall können bestimmte dynamische Netzeigenschaften als Anforderungen an das modellierte System angesehen werden,
die unabhängig vom konkreten Anwendungsfall zu erfüllen sind. Der Nachweis
dieser Eigenschaften ist somit als ein Korrektheitsbeweis anzusehen, der das Systemverhalten speziell mit Blick auf die Verklemmungsfreiheit beurteilt.

Im folgenden werden wichtigen dynamischen Netzeigenschaften deren anschauliche Bedeutung und Interpretation gegenübergestellt, wobei die mathematisch
exakten Definitionen der genannten Begriffe dem Kapitel 2 zu entnehmen sind.
All diesen Eigenschaften ist gemein, daß sie nicht konstruktiv erzwungen bzw.
aus der Netzstruktur einfach abzuleiten sind. Die dazu notwendigen Analyseverfahren werden in den Kapiteln 5 und 6 behandelt.

Wie bereits vorher angedeutet, kann ein Petri–Netz (bei Anwendung der schwachen Schaltregel) unbeschränkt sein. In diesem Fall beschreibt das Netz einen
unendlichen Automaten, d.h. einen Automaten mit nicht endlicher Zustandsmenge. Im Hinblick auf die Modellierung technischer Systeme, die nur endlich
viele verschiedene Zustände annehmen können, ist damit die *Beschränktheit* als
wesentliche Eigenschaft eines Petri–Netzes zu fordern. Da eine Reihe von Analyseverfahren nur für beschränkte Netze anwendbar sind, ist der Nachweis der
Beschränktheit vor dem Einsatz dieser Verfahren zu erbringen.

Das dynamische Verhalten eines *kontaktfreien* Netzes hängt allein von den Vorbedingungen der Transitionen ab. In einem kontaktbehafteten Netz wird das
Netzverhalten somit durch mangelnde (Speicher–) Kapazitäten behindert. Wenn
ein Netz nicht ausschließlich aufgrund von Kontakten beschränkt ist, so können
aus der Anwendung der schwachen Schaltregel Informationen über notwendige
Kapazitäten gewonnen werden, die die Kontaktfreiheit garantieren.

Liegt in einem Netz ein *Konflikt* vor, so ist der weitere Fortgang der Zustandsübergänge nicht mehr eindeutig festgelegt. Das modellierte System befindet sich
dann in einem Zustand, in dem aus einer Reihe möglicher Ereignisse, die sich
gegenseitig ausschließen, eines auszuwählen ist. In Hinblick darauf, daß durch die

Steuerung ein determiniertes Systemverhalten erreicht werden soll, macht daher die Forderung nach konfliktfreien Netzen Sinn.

Die *Erreichbarkeit* einer Markierung gibt Aufschluß darüber, ob das modellierte System ausgehend von dem Anfangszustand in einen vorgegebenen Zustand überführt werden kann. Aus der dazu erforderlichen Schaltsequenz sind die notwendigen Ereignisse und deren Reihenfolge zu entnehmen.

Systeme mit nebenläufigen Prozessen, die gemeinsame Betriebsmittel nutzen, neigen zu *totalen Verklemmungen*, die im Netz als tote Markierungen erscheinen. Diese Verklemmungen können nicht mehr aufgelöst werden, da sich das System dann in einem Zustand befindet, der keine Ereignisse mehr eintreten läßt. Das Auftreten totaler Verklemmungen deutet daher stets auf einen Modellierungs- bzw. Entwurfsfehler hin und ist unbedingt zu vermeiden.

In ähnlicher Weise muß auch die Existenz einer *toten Transition* als Fehler im Netzmodell angesehen werden. Besitzt ein Netz eine tote Transition, so kann das modellierte System ausgehend von dem Anfangszustand in keinen Zustand überführt werden, der das entsprechende Ereignis ermöglicht. Das mit dieser Transition abgebildete Ereignis wird daher nie eintreten.

Die *partielle Verklemmung* beschreibt einen Systemzustand, aus dem heraus (wenigstens) ein Ereignis nie wieder möglich ist, obwohl keine tote Markierung vorliegt. Dabei liegt insbesondere auch dann eine partielle Verklemmung vor, wenn das nicht mehr auszulösende Ereignis "auf dem Weg" in die partielle Verklemmung bereits schon einmal eingetreten ist. Auch Netze ohne tote Transitionen können somit in partielle Verklemmungen gelangen. Im Gegensatz zu toten Markierungen zeigen partielle Verklemmungen nicht notwendigerweise ein Fehlverhalten auf. Kriterien zu deren Bewertung werden in Kapitel 5 behandelt.

Reversible Petri-Netze beschreiben Systeme, die ausgehend von jedem erreichbaren Zustand wieder in ihren Anfangszustand zurückkehren können. Für viele technische Systeme stellt die Reversibilität eine sinnvolle Forderung dar. Der Nachweis dieser Eigenschaft sichert jedoch ein korrektes Systemverhalten in nur unzureichender Weise, da nicht eingeht, welche Ereignisse die Zustandsübergänge verursachen. Ein reversibles Petri-Netz schließt tote Markierungen aus, läßt jedoch partielle Verklemmungen und sogar die Existenz toter Transitionen zu.

Die oben beschriebenen totalen und partiellen Verklemmungssituationen werden mit dem Begriff *Lebendigkeit* zusammengefaßt. In einem System, das durch ein lebendiges Petri-Netz modelliert wird, können alle abgebildeten Ereignisse ausgehend von allen erreichbaren Zuständen ausgelöst werden. Hinter der Lebendigkeit verbirgt sich - auch angesichts des Aufwand, den deren Nachweis mit sich bringt - eine sehr weitgehende Forderung, die äquivalent zu dem Verbot totaler und partieller Verklemmungen ist. Wie später gezeigt wird, sind lebendige Netze nicht notwendigerweise auch reversibel.

4 Verknüpfung von Teilsystemen

4.1 Hierarchische Organisation von Petri–Netzen

In Kapitel 3 wurde erläutert, daß ein Automat, der Nebenläufigkeiten enthält, mit Hilfe von Petri–Netzen wesentlich kompakter dargestellt werden kann als dies die Zustandsgraphen erlauben. Dennoch können auch Petri–Netze ihre Übersichtlichkeit verlieren, wenn sie umfangreiche Systeme mit aussagefähigem Detaillierungsgrad beschreiben sollen. Neben der Übersicht erschwert die Größe dieser Netze auch die Analyse mit graphentheoretischen Methoden, da die Erreichbarkeitsgraphen großer Netze gewaltige Ausmaße annehmen können [19].

Eine mögliche Lösung dieses Problems besteht darin, das abzubildende System in mehrere Teilsysteme zu untergliedern und diese hierarchisch zu verknüpfen. In den dazugehörigen Petri–Netzen wird diese Hierarchie dadurch verwirklicht, daß ein verfeinertes Modell (= Unternetz) in dem übergeordneten Modell (= Hauptnetz) als einfacher Netzknoten, z.B. als Transition auftritt. So stellt das Unternetz in Abbildung 4.1 eine Verfeinerung der Transition t_8 des Hauptnetzes dar, wobei die Anbindung an das Hauptnetz durch festgelegte Ein- und Ausgangstransitionen t_e und t_a erfolgt.

Die Transitionen eines Unternetzes können weiter verfeinert werden, so daß für das Gesamtnetz, welches aus den einzelnen Teilnetzen und deren hierarchischer Verknüpfung besteht, eine prinzipiell beliebige Schachteltiefe denkbar ist. Abbildung 4.2 zeigt ein Beispiel einer solchen Verknüpfung, die auch in Form einer Matrix beschrieben werden kann. Die Matrix gibt u.a. den schon in Abbildung 4.1 angedeuteten Zusammenhang wieder, daß die Transition t_8 des Hauptnetzes A einer vergroberten Darstellung des Unternetzes D entspricht. Werden nur die Matrixelemente unterhalb der Hautpdiagonalen für Einträge zugelassen, so sind damit rekursive Verknüpfungen ausgeschlossen.

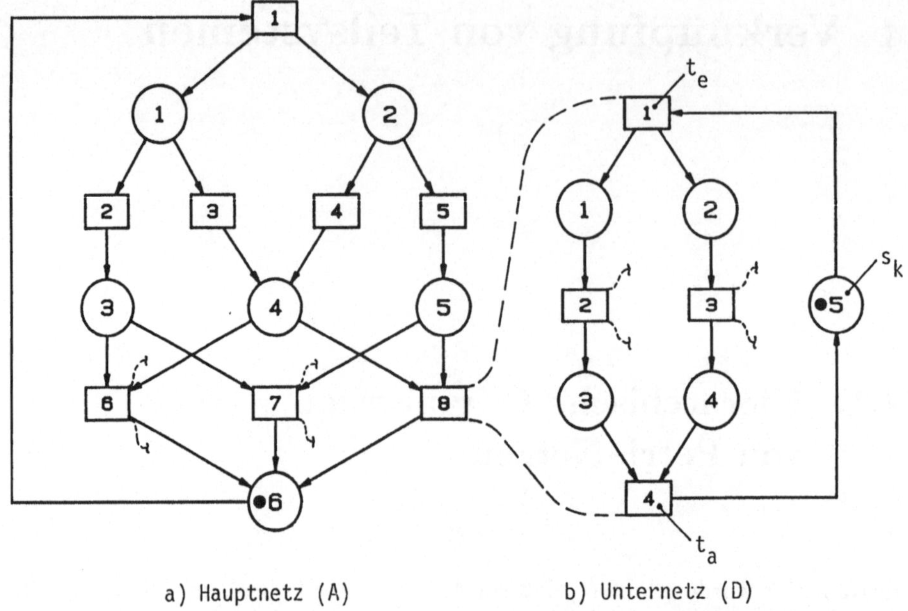

a) Hauptnetz (A)   b) Unternetz (D)

Abb. 4.1: Verfeinerung einer Transition

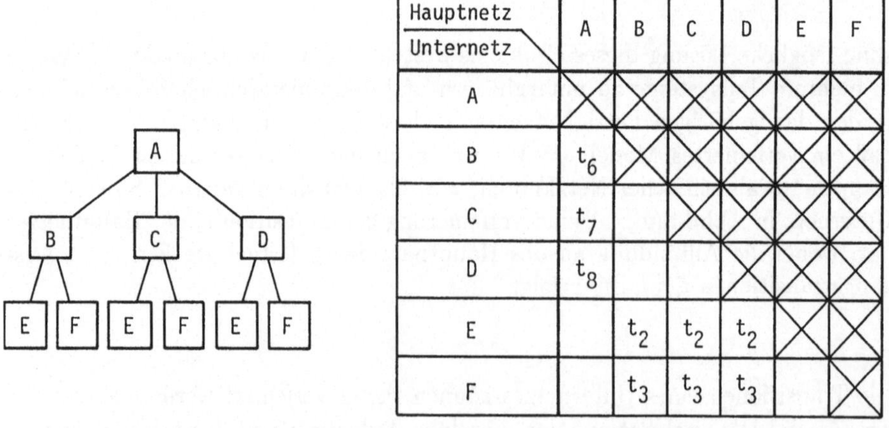

Abb. 4.2: Beschreibung der hierarchischen Verknüpfung von Petri–Netzen in einer Matrix

Die hier vorgestellte Untergliederung in Teilnetze erlaubt die Modellierung eines diskret gesteuerten Systems in unterschiedlichen Detaillierungsgraden, so daß eine Abbildung möglichst aller Einzelheiten nicht mehr zwangsläufig der Übersichtlichkeit des Gesamtsystems entgegenwirkt.

Ein weiterer wesentlicher Vorteil der Untergliederung besteht darin, daß die Analyse eines Hauptnetzes ohne Berücksichtigung der Eigenschaften der darin enthaltenen Unternetze möglich ist. Diese werden vielmehr im Hauptnetz als einfache Transitionen aufgefaßt. Die Analyse eines großen Gesamtsytems wird damit auf die getrennte Analyse mehrerer kleiner Teilsysteme zurückgeführt. Durch die damit verbundene Reduktion von Nebenläufigkeiten ist bei der Netzanalyse eine weit geringere Zahl unterschiedlicher Systemzustände zu betrachten, als der Erreichbarkeitsgraph eines Gesamtnetzes enthalten würde.

Als Aufgabe der Analyse von Unternetzen verbleibt nachzuweisen, ob sich ein Unternetz wirklich "wie eine Transition" verhält und die oben genannte Vorgehensweise damit zulässig ist. Dazu werden im folgenden Kriterien zusammengestellt, die von einem Unternetz zu erfüllen sind und entweder direkt aufgrund der Netzstruktur oder aber aufgrund des Erreichbarkeitsgraphen des Unternetzes überprüft werden können. Zu den *strukturellen Merkmalen* eines Unternetzes, die angesichts der Eigenschaften einer Transition zu fordern sind, zählen

- die Existenz der definierten Eingangs– bzw. Ausgangstransitionen t_e, t_a und

- die Existenz einer zu dem übrigen Unternetz komplementen markierten Stelle s_k;

vgl. Abbildung 4.1. Durch das Hinzufügen der Komplementstelle s_k wird die Verbindung von Ausgangs– zu Eingangstransition hergestellt ($\bullet s_k = \{t_a\} \wedge s_k \bullet = \{t_e\}$). Auf diese Weise wird erreicht, daß nach dem Schalten der Eingangstransition t_e dieses erst dann wieder möglich ist, wenn auch die Ausgangstransition t_a geschaltet hat. Das Unternetz kann dann auch höchstens durch Schalten der Transition t_a wieder in seine Anfangsmarkierung M_0 überführt werden.

Die genannten Forderungen hinsichtlich struktureller Merkmale bedürfen ergänzenden Forderungen hinsichtlich bestimmter *dynamischer Eigenschaften*, welche die Funktionsfähigkeit eines Unternetzes garantieren sollen. Diese Eigenschaften können allgemein nicht konstruktiv erzwungen werden, sondern sind z.B. aufgrund des Erreichbarkeitsgraphen nachzuweisen. Die Konstruktion des Erreichbarkeitsgraphen eines Unternetzes kann separat, d.h. ohne irgendwelche Kopplungen mit dem Hauptnetz erfolgen, da die Ein– bzw. Ausgangstransition in dem (isolierten) Unternetz als Markenquelle bzw. –senke fungiert. Von einem Unternetz wird somit gefordert,

- daß unter der Anfangsmarkierung M_0 nur die Eingangstransition t_e aktiviert ist,

- daß das Schalten der Ausgangstransition t_a das Netz stets wieder in den Anfangszustand, d.h. in M_0 überführt, und

- daß in dem Netz ausschließlich anwendbare Schaltsequenzen der Form $\sigma = t_e, \ldots, t_a$ existieren.

Unter der Voraussetzung, daß die oben genannten strukturellen Merkmale gegeben sind, werden diese Forderungen von dem Unternetz identisch erfüllt,

- wenn im Erreichbarkeitsgraphen aus dem Knoten M_0 genau eine Kante austritt und diese mit t_e beschriftet ist,

- wenn alle mit t_a beschrifteten Kanten in den Knoten M_0 eintreten, und

- wenn das Netz reversibel ist.

Die Reversibilität eines Petri–Netzes ist auf der Grundlage des Erreichbarkeitsgraphen entscheidbar. Zum Nachweis sind dessen Zusammenhangseigenschaften auszuwerten, worauf in Kapitel 5 näher eingegangen wird.

Soll auf der Grundlage eines hierarchisch strukturierten Netzmodells eine Simulation durchgeführt werden, so ergibt sich die Notwendigkeit einer Kommunikation zwischen den Teilnetzen. Diese Kommunikation wird zwischen den verfeinerten Transitionen des Hauptnetzes und den jeweiligen Eingangs– und Ausgangstransitionen der Unternetze abgewickelt. Der Schaltvorgang der verfeinerten Transition des Hauptnetzes erfolgt somit nicht unmittelbar, sondern ist - aus Sicht des Hauptnetzes - als ein Vorgang anzusehen, welcher eine *endliche Zeit* beansprucht. Eine nähere Betrachtung zeigt auf, daß zeitbehaftete Vorgänge das Verhalten eines Petri–Netzes unzulässig verändern können, wenn die bislang eingeführte Schaltregel zu deren Abbildung herangezogen wird. Für die verfeinerten Transitionen ist somit die in dem nachfolgenden Kapitel 4.2 entsprechend modifizierte Schaltregel anzuwenden, welche ein korrektes Netzverhalten auch unter Berücksichtigung von Zeitbedingungen garantiert.

4.2 Abbildung zeitbehafteter Vorgänge

Die in Kapitel 3 formulierte Zuordnung eines Ereigisses bzw. eines Zustandsübergangs zu einer Transition ließ noch unberücksichtigt, daß Zustandsübergänge in technischen Prozessen auch durch Vorgänge vollzogen werden, welche eine zeitliche Ausdehnung besitzen. Diese Vorgänge können nicht ohne Einschränkungen durch Transitionen dargestellt werden, da die Syntax der Petri–Netze das zeitlose Schalten einer Transition vorschreibt, was einen sofortigen Markierungswechsel in dem Netz bewirkt. Aus der Vielzahl der Autoren, die auf diese Problematik eingehen, seien nur RAMCHANDANI [36] und MERLIN [30] genannt.

Nach der Aktivierung einer Transition bedarf deren Schalten eines Eingabesignals, weshalb der Schaltzeitpunkt nach der Aktivierung als zufällig anzusehen ist. Durch ein Petri–Netz kann damit lediglich die zeitliche Ordnung *kausal bedingter* Ereignisse und nicht etwa die Reihenfolge nebenläufig eintretender Ereignisse vorgeschrieben werden. Da somit für das Verharren von Marken auf Stellen keine zeitlichen Vorgaben existieren - auch wenn eine Transition im Nachbereich aktiviert ist - können zeitbehaftete Vorgänge in einem Petri–Netz durch Stellen abgebildet werden, die den Zustand "Vorgang läuft" repräsentieren. Start und Ende dieser Vorgänge müssen, wie in Abbildung 4.3 gezeigt, durch jeweils eine vor– und nachgeschaltete Transition modelliert werden.

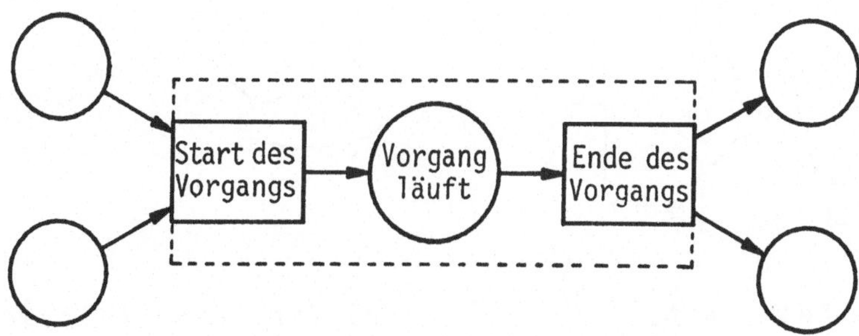

Abb. 4.3: Modellierung eines zeitbehafteten Vorgangs

Ein zeitbehafteter Vorgang wird damit in zwei nicht–zeitbehaftete Ereignisse ("Start" und "Ende") und eine zeitbehaftete Bedingung ("Vorgang läuft") untergliedert. Die gestrichelt umrandete Netzkonstruktion in Abbildung 4.3, die diese Untergliederung ausdrückt, läßt sich hinsichtlich der Kopplungen mit anderen Netzknoten als "zeitbehaftete Transition" zusammenfassen. Der Schaltvorgang einer zeitbehafteten Transition durchläuft entsprechend der o.g. Untergliederung drei Phasen, die in Tabelle 4.1 dargestellt sind. Die Kennzeichnung der Transition während der zweiten Phase deutet an, daß die zum Schalten benötigten Marken während der Ausführung nicht mehr in dem Netz erhalten sind.

Tabelle 4.1: Schaltvorgang einer zeitbehafteten Transition

1)	aktiviert (→ Start des Vorgangs)	
2)	ausführend (≙ Vorgang läuft)	
3)	fertig (≙ Ende des Vorgangs)	

Wird auf der Grundlage eines Petri–Netzes eine Simulation durchgeführt, bei der Zeitbedingungen berücksichtigt werden sollen (z.B. Echtzeitsimulation, ggf. mit Anschluß von Geräten), so kann der Schaltvorgang einer zeitbehafteten Transition zu einem unzulässigen Netzverhalten führen. Ein Netzverhalten wird dann als unzulässig bezeichnet, wenn in einem Petri–Netz unter Berücksichtigung von Zeitbedingungen Markierungen und/oder Schaltsequenzen möglich sind, die nicht im Erreichbarkeitsgraphen des (nicht–zeitbehafteten) Netzes enthalten sind. Ein Beispiel für ein solches Fehlverhalten soll an Hand des Petri–Netzes und dessen Erreichbarkeitsgraphen in Abbildung 4.4 aufgezeigt werden.

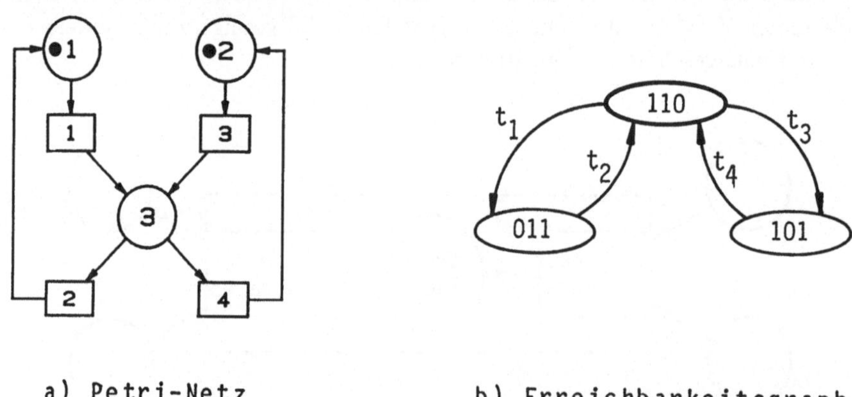

Abb. 4.4: Beispielnetz zur Erläuterung zeitbehafteter Schaltvorgänge

Im folgenden werde dazu der Fall betrachtet, daß die Transitionen t_1 und t_3 zeitbehaftet sind, wobei τ_1 und τ_3 (mit $\tau_1 > \tau_3$) die Ausführungszeiten dieser Transitionen seien. In dem Diagramm in Abbildung 4.5 sind eine mögliche zeitliche Anordnung der Schaltvorgänge dieser Transitionen und die damit verbundenen Markierungswechsel in dem Netz dargestellt.

Der Vergleich dieses Diagramms mit dem Erreichbarkeitsgraphen in Abbildung 4.4 zeigt, daß die Zeitbedingungen in dem Netz

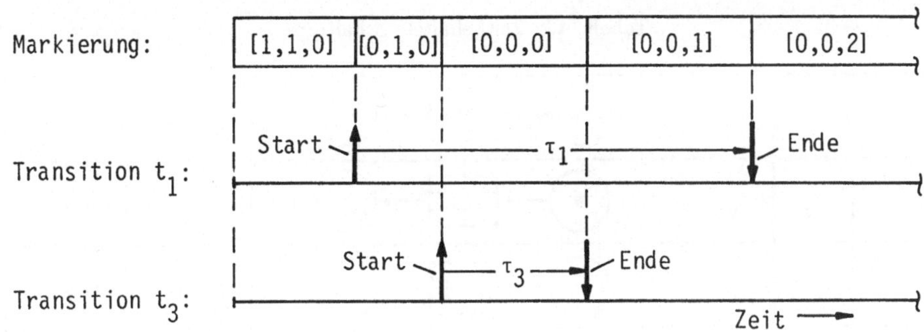

Abb. 4.5: Mögliche Schaltsequenz unter Zeitbedingungen

- die unzulässigen Markierungen $(0,1,0), (0,0,0), (0,0,1), (0,0,2)$ und

- die unzulässige Schaltsequenz $\sigma = t_1, t_3$

ermöglichen. Das Beispiel verdeutlicht, daß die Anwendung der bislang verwendeten (nicht–zeitbehafteten) Schaltregel auf zeitbehaftete Vorgänge in einem Petri–Netz eine Fülle von Zuständen und Zustandsübergängen erlauben würde, die nicht im Erreichbarkeitsgraphen enthalten sind. Aussagen über das dynamische Verhalten des Netzes, die aus einer Analyse des Erreichbarkeitsgraphen bzw. der Netzmatrix abzuleiten sind (vgl. Kapitel 5 und 6), ließen damit keine verläßlichen Schlüsse auf das Verhalten unter Zeitbedingungen zu.

In Hinblick auf eine Modifikation der Schaltregel soll zunächst versucht werden, aus dem vorangegangenen Beispiel die Ursache für das unzulässige Netzverhalten abzuleiten. Wie eine nähere Betrachtung zeigt, ist der entscheidende Fehler in dem Netzverhalten in der abweichenden Verarbeitung von *Konflikten* zu sehen. Während das Schalten der Transitionen t_1 und t_3 nur *alternativ* möglich sein darf, da sich diese unter der Anfangsmarkierung in einem Konflikt befinden, so erlauben die Zeitbedingungen auch ein *nebenläufiges* Schalten dieser Transitionen. Der Grund hierfür ist die fehlende Deaktivierung der Transition t_3, nachdem der Schaltvorgang für die Transition t_1 eingeleitet wurde. Eine mögliche Lösung, auch solche Konfliktsituationen unter Zeitbedingungen richtig aufzulösen, besteht darin, beim Start des Schaltvorgangs einer zeitbehafteten Transition diejenigen Kapazitäten zu reservieren, die im Nachbereich nach Ablauf der Ausführungszeit für die Markenzufuhr benötigt werden. Zur Berücksichtigung auch solcher Konflikte, die durch Transitionen mit gemeinsamen Vorbereichen entstehen, empfiehlt sich zusätzlich eine Sperrung der Vorbereichskapazitäten in Höhe der abgezogenen Markenanzahl. Die hier genannte modifizierte Schaltregel, im weiteren auch ”zeitbehaftete Schaltregel” genannt, soll durch die Übersicht in Tabelle 4.2 erläutert werden.

Tabelle 4.2: Zeitbehaftete Schaltregel

	κ_v^*	m_v^*	$s_v \xrightarrow{g_v} t^* \xrightarrow{g_n} s_n$	κ_n^*	m_n^*
1)	κ_v	m_{v0}	(Marke in s_v)	κ_n	m_{n0}
2)	$\kappa_v - g_v$	$m_{v0} - g_v$	(Marke in t^*)	$\kappa_n - g_n$	m_{n0}
3)	κ_v	$m_{v0} - g_v$	(Marke in s_n)	κ_n	$m_{n0} + g_n$

Die mit "*" indizierten Größen stellen dabei diejenigen Kapazitäten bzw. Markierungen dar, die von der zeitbehafteten Schaltregel in den einzelnen Phasen des Schaltvorgangs der Transition t^* zugrunde gelegt werden. Die Stellen s_v und s_n stehen stellvertretend für den gesamten Vor- und Nachbereich der Transition t^*. Im Grenzfall einer verschwindenden Ausführungszeit entspricht die zeitbehaftete Schaltregel (ohne Phase 2) der bekannten. Es verbleibt zu untersuchen, ob die hier vorgestellte zeitbehaftete Schaltregel den Anforderungen gerecht wird, bei der Berücksichtigung von Zeitbedingungen keine Abweichungen im Verhalten des Netzes zu produzieren. Die folgende Plausibilitätsbetrachtung wird der Übersicht halber an Hand eines B/E–Netzes durchgeführt, wobei eine Ausweitung auf S/T–Netze ohne Schwierigkeiten möglich ist.

Abbildung 4.6 zeigt die Einbindung einer zeitbehafteten Transition, d.h. der Transition t^*, in ein Petri–Netz. Wieder sind die Stellen s_v und s_n als Stellvertreter der *gesamten* Vor– und Nachbereiche anzusehen. Zunächst sollen die Betrachtungen auf diejenigen Bereiche im Netz beschränkt werden, die von dem durch t^* abgebildeten zeitbehafteten Vorgang beeinflußt werden können. Es sind dies - wie eingezeichnet - die unmittelbaren Vor– und Nachbereiche der Stellen s_v und s_n, wobei die Transition t^* selbst nicht hinzugezählt wird.

Die Frage nach dem Einfluß der Transition t^* auf das übrige Netz kann nun auf die Frage reduziert werden, welche Auswirkungen ein Schaltvorgang der Transition t^* gemäß der zeitbehafteten Schaltregel auf die eben genannten Transitionenmengen hat. Eine Transition t_j des Nachbereichs von s_v $(t_j \in s_v \bullet \setminus \{t^*\})$ würde schon unmittelbar nach dem Start des Schaltvorgangs der Transition t^* diesen als vollzogen betrachten, da die Markierung m_{v0} der Stelle s_v während der Ausführungszeit bereits um das Gewicht g_v der Kante (s_v, t^*) vermindert ist $(m_v^* = m_{v0} - g_v)$. Eine Untersuchung auch der übrigen Vor– und Nachbereiche ergibt, daß für alle diese Transitionen der zeitbehaftete Schaltvorgang von t^* als *zeitlos* erscheint, wobei jedoch

- die Transitionen $t_j \in T_I = (s_v \bullet \cup \bullet s_n) \setminus \{t^*\}$ dem *Startzeitpunkt* und

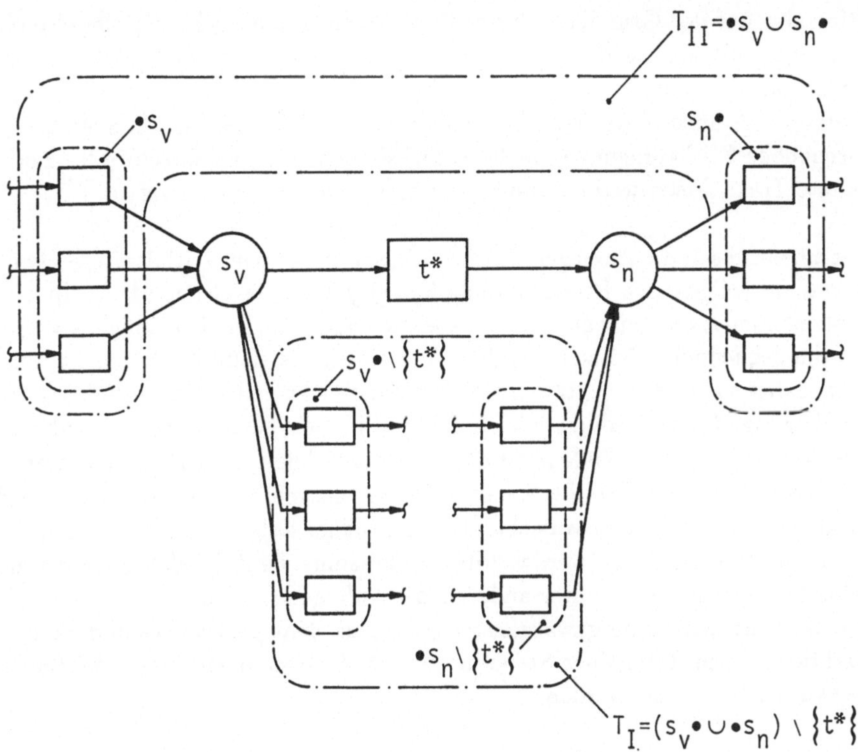

Abb. 4.6: Einbindung einer zeitbehafteten Transition

- die Transitionen $t_j \in T_{II} = {}^\bullet s_v \cup s_n{}^\bullet$ den *Endezeitpunkt*

als Schaltzeitpunkt der Transition t^* auffassen. Eine wesentliche Eigenschaft der zeitbehafteten Schaltregel besteht also darin, zeitbehaftete Vorgänge auf zeitlose Ereignisse zu projizieren. Als letztes bleibt zu klären, ob ein unzulässiges Netzverhalten dadurch resultieren kann, daß dieses Ereignis von den genannten Transitionenmengen zu unterschiedlichen Zeitpunkten wahrgenommen wird.

Die Transitionen der Menge T_I können als Alternative zu t^* angesehen werden. Ein potentieller Konflikt zwischen diesen Transitionen wird somit beim Start des Schaltvorgangs von t^* gelöst. Dagegen stellen die Transitionen der Menge T_{II} zeitliche Vorgänger bzw. Nachfolger von t^* dar und warten folgerichtig auf das Ende des Schaltvorgangs. Aus der Anordnung dieser Transitionenmengen zueinander folgt nun, daß nach dem Start des Schaltvorgangs von t^* erst dann wieder eine Transition der Menge T_I aktiviert werden (und damit schalten) kann, wenn eine Transition der Menge T_{II} geschaltet hat. Da dieses jedoch nicht vor Ende des zeitbehafteten Schaltvorgangs geschehen kann, bleiben alle Aktivitäten der Transitionen der Mengen T_I und T_{II} (und damit alle von t^* beeinflußbaren Netzbereiche) während der Ausführungszeit von t^* gleichsam "eingefroren". Der zeitbehaftete Vorgang wirkt damit auf das übrige Netz wie ein zeitloses Ereignis.

Wird also auf der Grundlage der zeitbehafteten Schaltregel beispielsweise eine Echtzeitsimulation des als Petri–Netz modellierten Systems durchgeführt, so entspricht das dynamische Verhalten des Netzes demjenigen ohne Zeitbedingungen. Hieraus folgt umgekehrt, daß zur Analyse eines diskret gesteuerten Systems ggf. vorhandene Zeitbedingungen nicht berücksichtigt werden müssen; d.h. zeitbehaftete Transitionen werden in der Netzanalyse als zeitlose aufgefaßt.

Abschließend soll die Aussagekraft der Analyse eines nicht–zeitbehafteten Petri–Netzes derjenigen der Echtzeitsimulation gegenübergestellt werden. In einer Echtzeitsimulation findet stets eine Projektion aller - auch nebenläufiger - Vorgänge auf die sequentielle Zeitachse statt. Aus einem dabei mitgeführten Protokoll kann daher nicht mehr entnommen werden, welche zeitlichen Ordnungen dieser Vorgänge kausal bedingt oder zufällig, d.h. von bestimmten Zeitbedingungen abhängig waren. Zudem besteht die Möglichkeit, daß in dem betrachteten Zeitraum nur ein Teil der Schaltsequenzen ausgeführt wird, die der Erreichbarkeitsgraph des Netzes vorsieht. Es kann daher aufgrund eines solchen Protokolls nicht entschieden werden, ob eine erkannte Funktionsfähigkeit des modellierten Systems auch unter anderen Zeitbedingungen und/oder über längere Beobachtungszeiträume gewährleistet ist. Aus dem gleichen Grund muß die Funktionsüberprüfung einer Steuerung durch Test an einem realen System als fragwürdig betrachtet werden.

Dagegen enthält das nicht–zeitbehaftete Netzmodell eines diskret gesteuerten Systems die Beschreibung aller Schaltsequenzen, die (unabhängig von bestimmten Zeitbedingungen) auftreten können. Das nicht–zeitbehaftete Netz stellt damit für die Analyse den allgemeineren Fall dar. Ein in der Analyse als verklemmungsfrei erkanntes Petri–Netz wird diese Eigenschaft daher unter beliebigen Zeitbedingungen beibehalten.

4.3 Alternative Netzverfeinerungen

In der Literatur haben insbesondere Verfeinerungsverfahren mit solchen Unternetzen Interesse gefunden, in denen die einzelnen Module in dem hierarchisch übergeordneten Netz als einzelne Netzknoten dargestellt werden. Vorrangig wird dabei die Verfeinerung von Transitionen durch Transitionsunternetze betrachtet, wie dies auch in Kapitel 4.1 erfolgt ist.

Grundsätzlich kommen zunächst beide Knotenarten eines Petri–Netzes für eine Verfeinerung in Frage. Für das *Unternetz* entscheidet sich durch die Wahl der zu verfeinernden Knotenart im wesentlichen nur die Art der Knoten, mit denen es zum Hauptnetz hin abschließt. Durch die Einführung zusätzlicher, sequentiell verketteter Knoten an den Anschlußstellen ist jedoch ein Wechsel hier leicht möglich, ohne daß die Funktion des Unternetzes davon wesentlich betroffen wird. Für das *Hauptnetz* dagegen scheint es zunächst einen deutlichen Unterschied zu machen, ob eine Transition, die als aktives Element einen Vorgang modelliert, oder eine Stelle, die als passives Element etwa einen Speicher darstellt, verfeinert wird. Der Versuch, die Funktion eines Unternetzes vollständig mit der Funktion des Knotens im Hauptnetz zu identifizieren, den es ersetzt, scheitert allderdings in beiden Fällen allein dadurch, daß das Unternetz immer beide Knotenarten enthält. Ein Stellenunternetz kann nicht als rein passives Speicherelement angesehen werden, da zugeführte Marken erst nach Schaltvorgängen im Unternetz wieder abgezogen werden können, und ein Transitionsunternetz kann immer auch vorübergehend Marken aufnehmen.

Der in Kapitel 4.1 vorgeschlagenen hierarchischen Organisation von Petri–Netzen werden nachfolgend zwei alternative Vorschläge anderer Autoren gegenübergestellt, die ebenfalls eine Verknüpfung von Teilnetzen durch Verfeinerung von Transitionen vorsehen. Die Ansätze sollen kurz vorgestellt und mit Blick auf daraus erwachsende Modellierungs– und Analysemöglichkeiten verglichen werden.

Eine naheliegende Strukturforderung an ein Unternetz, welches bei einer Verfeinerung für eine Transition eingesetzt werden soll, ist die Existenz von je genau einer Eingangstransition t_e und einer Ausgangstransition t_a. Ein Unternetz mit der beschriebenen Form wird fortan *Block* genannt. Die hier betrachteten Varianten der Netzverfeinerung setzen sämtlich die Blockform der Unternetze voraus, womit deren spezielle Eignung für eine *Top–Down–Modellbildung*, d.h. für eine schrittweise Verfeinerung des Modells, deutlich wird.

Ein früher Ansatz zur Verfeinerung von Transitionen stammt aus dem Jahre 1979 von VALETTE [44]. Die einzige strukturelle Anforderung an das Unternetz ist die Blockform. Darüberhinaus werden eine Reihe dynamischer Eigenschaften gefordert, die jedoch nicht für das Blockunternetz selbst, sondern für ein erweitertes, den Block enthaltendes Netz formuliert werden. Dieses Netz geht aus dem Block durch das Einbetten einer "Leerlaufstelle" s_l hervor, die durch eine auslaufende Kante mit t_e und eine einlaufende Kante mit t_a verbunden wird und anfangs einfach markiert ist, wie in Abbildung 4.7 angedeutet. Die Leerlaufstelle s_l, die selbst nicht zum Unternetz gehört und lediglich zum Zweck der Analyse hinzugefügt wird, kann als Stellvertreter für das Hauptnetz angesehen werden, welches mit dem Unternetz in Wechselwirkung tritt.

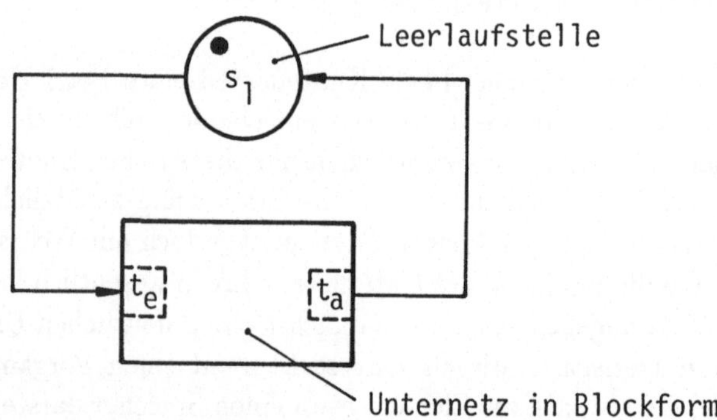

Abb. 4.7: Unternetz nach VALETTE, (um Leerlaufstelle s_l erweitert)

Die Analyse des Unternetzes setzt demnach eine bestimmte Eigenschaft des Hauptnetzes voraus; sie erhebt die recht weitgehende Forderung, daß dieses - eben wie die Leerlaufstelle s_l - die das Unternetz verkörpernde Transition höchstens einmal aktiviert. Die nächste Aktivierung darf seitens des Hauptnetzes erst dann wieder erfolgen, wenn die Bearbeitung innerhalb des Unternetzes abgeschlossen ist. Diese Netzeigenschaft ist keineswegs selbstverständlich, so daß zusätzlich zur Analyse des Unternetzes eine Analyse des Hauptnetzes erforderlich wird.

Die dynamischen Anforderungen, die Valette an ein auf die beschriebene Weise erweitertes Unternetz stellt, umfassen die folgenden Punkte:

- Das Netz ist lebendig,

- die Leerlaufstelle s_l ist ausschließlich bei der Anfangsmarkierung besetzt, und

- die Eingangstransition t_e ist unter der Anfangsmarkierung und unter keiner anderen Markierung aktiviert.

Ein Block, dessen erweitertes Netz diese Bedingungen erfüllt, heißt *wohlgeformt*. Ein wohlgeformter Block ist auf Grund der zweiten Bedingung beschränkt. Da durch Schalten der Transition t_a immer eine Marke der Leerlaufstelle s_l zugeführt

wird, und die Anfangsmarkierung die einzige Markierung ist, bei der der diese
Stelle eine Marke enthält, wird durch Schalten der (lebendigen) Transition t_a immer wieder die Anfangsmarkierung erreicht. Damit ist ein mit der Leerlaufstelle
s_l verbundener wohlgeformter Block auch stets reversibel.

Ziel der Definition eines wohlgeformten Blockes ist die Übertragung von Lebendigkeit und Beschränktheit vom Hauptnetz auf das verfeinerte Netz, d.h. auf
das Netz, welches durch "Einbau" des Unternetzes in das Obernetz entsteht.
Damit soll erreicht werden, daß die betreffenden Netzeigenschaften lediglich in
dem gröbsten Netz nachgewiesen werden müssen und nach der Verfeinerung a
priori gültig bleiben.

Die von Valette erhobene Forderung nach Wohlgeformtheit schränkt die Modellierungsmöglichkeiten, die ein Unternetz gegenüber allgemeinen Petri–Netzen
bietet, beträchtlich ein. Beispielsweise wird ausgeschlossen, daß in dem Unternetz je nach Anzahl der Durchläufe unterschiedliche Vorgänge ablaufen können,
da nach einem Durchlauf stets wieder die Anfangsmarkierung erreicht werden
muß. Ferner wird ausgeschlossen, daß ein Unternetz zeitlich überlappend aktiviert werden kann, d.h. nach erfolgter Aktivierung kann das Unternetz erst dann
wieder aktiviert werden, wenn der Durchlauf mit dem Schalten der Ausgangstransition t_a beendet worden ist. Für eine gleichzeitige - z.B. rechnergestützte
- Simulation von Haupt- und Unternetz kann jedoch die Forderung nach über-
lappender Aktivierbarkeit Sinn machen, insbesondere dann, wenn das Unternetz
mehrere Stellen hat, die als Speicher fungieren.

Der letztgenannte Kritikpunkt wurde von SUZUKI und MURATA [42] erkannt
und aufgegriffen. Sie erweiterten Valettes Definition des wohlgeformten Blockes
zu der eines *k–wohlgeformten* Blockes, der k–fach aktiviert sein darf. Hierzu werden wiederum Bedingungen für ein entsprechend erweitertes Unternetz formuliert, wobei die Leerlaufstelle s_l nun in der Anfangsmarkierung k–fach markiert
ist. Ein Blockunternetz heißt dann k–wohlgeformt, wenn für das erweiterte Netz
folgende Bedingungen erfüllt sind:

- Die Eingangstransition t_e ist lebendig;

- für jede anwendbare Schaltsequenz, die t_e öfter enthält als t_a, gibt es eine
  weitere Schaltsequenz, die t_e nicht mehr enthält, so daß die Aneinanderreihung
  der beiden Sequenzen die Transitionen t_e und t_a gleich oft enthält;

- es gibt keine bei der Anfangsmarkierung anwendbare Schaltsequenz, die t_a
  öfter enthält als t_e.

Die Forderung nach Lebendigkeit und Reversibilität wird von Suzuki / Murata
im Gegensatz zur Valetteschen Definition nicht erhoben. Dieses hat Auswirkungen auf die Eigenschaften der Verfeinerung. So garantiert ein k-wohlgeformtes

Blockunternetz nicht mehr, daß Eigenschaften des Hauptnetzes auch grundsätzlich für das verfeinerte Netz gelten. Damit Hauptnetzeigenschaften auf das verfeinerte Netz übertragen werden können, werden Zusatzbedingungen für k–wohlgeformte Blöcke formuliert, die nach der Art der Eigenschaft, die übertragen werden soll, differenziert werden. Sie stellen im Vergleich zu den starren und restriktiven Bestimmungen, denen wohlgeformte Blöcke nach Valette unterliegen, eine geringere Einschränkung der Modellierungsmöglichkeiten dar. Dafür wird die Formulierung dieser Bedingungen durch Fallunterscheidungen komplizierter und unübersichtlicher.

Im Gegensatz zu der in Kapitel 4.1 vorgestellten Unternetzdefinition erheben die hier behandelten Verfeinerungskonzepte auch Forderungen an das Hauptnetz. Es muß nämlich sichergestellt sein, daß dieses ein Unternetz höchstens einfach (Valette) bzw. k–fach (Suzuki / Murata) aktiviert. Ansonsten entbehrt die Vorgehensweise, ein um eine Leerlaufstelle erweitertes Unternetz zu analysieren, jeder Grundlage.

Dem Verfeinerungsvorschlag in Kapitel 4.1 liegt nun die Absicht zugrunde, die notwendigen Analysen allein auf das jeweilige Unternetz beschränken zu können. Dieses wird durch die Komplementstelle s_k erreicht, welche die Funktion der Leerlaufstelle ausübt, jedoch - neben Eingangstransition t_e und Ausgangstransition t_a - als strukturelles Merkmal eines jeden Unternetzes gefordert wird. Vor- und Nachteile der behandelten Unternetzvarianten sollen abschließend diskutiert werden. Dazu sind die wesentlichen Eigenschaften der jeweiligen Netzverfeinerungen in der Tabelle 4.3 gegenübergestellt worden.

Tabelle 4.3: Eigenschaften von Netzverfeinerungen

	VALETTE	SUZUKI / MURATA	ABEL (Kap.4.1)
Blockform des Unternetzes verlangt	ja	ja	ja
Analyse des Hauptnetzes erforderlich	ja	ja	nein
zeitlich überlappend aktivierbar	nein	ja	nein
Hauptnetzeigenschaften auf das verfeinerte Netz übertragbar	ja	nur mit Zusatzbedingungen	ja

Die Netzverfeinerungen von Valette und Abel eignen sich vor allem zur Modellbildung in Top–Down–Richtung, da hier der notwendige Spielraum gegeben ist, diese strukturell restriktiv definierten Unternetze sinnvoll einzusetzen. Es ist anzunehmen, daß Petri–Netze, die unter Verwendung dieser Unternetze entstehen, besonders übersichtlich und durchschaubar sind, da das Verhalten der Unternetze sehr strengen Regeln folgt. Andererseits lassen sich gerade durch die Beschränkungen viele Sachverhalte, die in technischen Systemen auftreten können, wie etwa Irreversibilitäten oder partielle Verklemmungen, nicht in solchen Unternetzen darstellen und müssen daher unabhängig von ihrer Bedeutung im hierarchisch höchsten Netz erfaßt werden. Dieser Zwang kann eine sinnvolle Hierarchisierung behindern.

Die bei Valette und Abel auf unterschiedliche Weise eingebrachte Restriktion, daß ein Unternetz nicht zeitlich überlappend aktiviert werden kann, erweist sich als weitere Einschränkung der Modellierungsfähigkeiten eines Unternetzes. Betrachtet man etwa einen Prozeß, in dem Werkstücke bearbeitet werden, so wird häufig eine Verfeinerung einer Transition, die eine komplexe Bearbeitung darstellt, sequentielle Ketten aus Transitionen und Stellen enthalten, was etwa einer Bearbeitung an mehreren Maschinen hintereinander entspricht. Im allgemeinen werden sich dann auf verschiedenen Maschinen mehrere Werkstücke zur gleichen Zeit in Bearbeitung befinden. Dies läßt sich nur mit Unternetzen darstellen, die zeitlich überlappend aktiviert werden können.

Eine Abhilfe bietet die Unternetzdefinition von Suzuki / Murata, deren Grundidee bei Bedarf auch auf die Definition von Abel übertragen werden kann, indem eine mehrfache Markierung der Komplementstelle s_k zugelassen wird. Im Hauptnetz würde die das Unternetz verkörpernde Transition dann jedoch als eine mehrfach aktivierbare auftreten, so daß diese Erweiterung auch bei der Analyse des Hauptnetzes berücksichtigt werden müßte.

5 Graphentheoretische Analyse

5.1   Überblick

Anknüpfend an die in den Kapiteln 3 und 4 formulierten Forderungen an Netzmodelle diskret gesteuerter Systeme werden im folgenden Verfahren vorgestellt,
mit denen eine Reihe dynamischer Netzeigenschaften nachzuweisen ist. Neben den Verfahren zum Nachweis der Lebendigkeit und der Beschränktheit von
Petri–Netzen, die dabei im Vordergrund der Betrachtung stehen, werden auch
Möglichkeiten aufgezeigt, Kenntnisse über Netzeigenschaften zu gewinnen, die
über binäre Aussagen wie z.B. "lebendig" oder "nicht lebendig" hinausgehen.
Diese Kenntnisse können genutzt werden, um aus dem erkannten Fehlverhalten
eines Petri–Netzes notwendige Netzmodifikationen abzuleiten. Die dazu ange-
wandten Verfahren basieren auf der Analyse des sogenannten Erreichbarkeits-
und des Überdeckungsgraphen, d.h. auf der Analyse gerichteter Graphen, die
einem Petri–Netz zugeordnet bzw. auf der Grundlage des Petri–Netzes erstellt
werden können.

In Kapitel 5.2 wird gezeigt, daß für beschränkte Netze der *Erreichbarkeitsgraph*
konstruiert werden kann, aus dem zahlreiche Informationen, z.B. die Existenz
totaler Verklemmungen oder Konflikte, direkt abgeleitet werden können. Durch
die sogenannte Kondensation des Erreichbarkeitsgraphen werden dessen Zusammenhangseigenschaften ermittelt und ausgewertet. Hiermit sind auch partielle
Verklemmungen nachzuweisen, so daß die Lebendigkeit des zugehörigen Petri–
Netzes auf Grundlage des Erreichbarkeitsgraphen entscheidbar wird.

In Hinblick auf die Modellierung technischer Systeme, die nur endlich viele verschiedene Zustände annehmen können, macht die Betrachtung nicht beschränkter
Petri–Netze wenig Sinn. Dabei ist jedoch zu beachten, daß die Beschränktheit
eines Petri–Netzes im allgemeinen nicht aus den Verknüpfungen der Netzknoten
abgelesen bzw. konstruktiv erzwungen werden kann, sofern nicht große Einschränkungen in den Modellierungsmöglichkeiten hingenommen werden sollen.

Damit ergibt sich die Notwendigkeit, die Überprüfung der Beschränktheit denje-
nigen Analyseverfahren voranzuschicken, die zum Nachweis von Netzeigenschaf-

ten die Konstruktion des Erreichbarkeitsgraphen vorsehen. Eine Möglichkeit zu dieser Überprüfung bietet die in Kapitel 5.3 behandelte Konstruktion und Analyse des *Überdeckungsgraphen*. Da Petri–Netze mit endlichen Kapazitäten bei Anwendung der starken Schaltregel a priori beschränkt sind, wird hierbei entgegen der eingeführten Konvention von der schwachen Schaltregel ausgegangen.

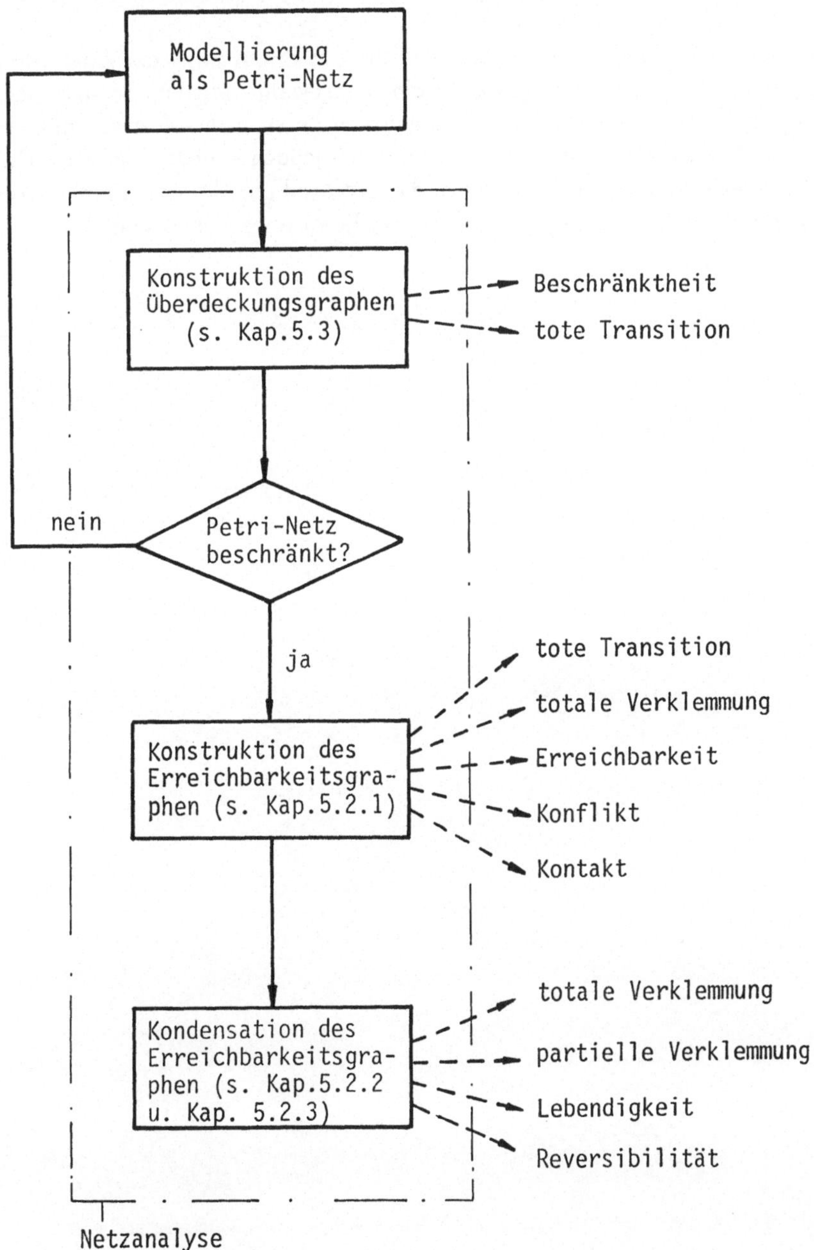

Abb. 5.1: Netzanalyse mit Methoden der Graphentheorie

Die Abbildung 5.1 gibt einen Überblick der in Kapitel 5 behandelten Analyseverfahren, die Methoden der Graphentheorie nutzen. Ferner zeigt sie auf, welche Netzeigenschaften mit diesen Verfahren nachgewiesen werden können. Entgegen der hier geannten Reihenfolge wird in den folgenden Ausführungen der Lebendigkeitsnachweis beschränkter Netze der Beschränktheitsüberprüfung vorangestellt, da die Konstruktion des Überdeckungsgraphen auf der des Erreichbarkeitsgraphen aufbaut und damit eine lesbarere Einführung dieser Graphen möglich wird.

An dieser Stelle bleibt anzumerken, daß die zur Erläuterung der Analyseverfahren gewählten Beispielnetze bewußt einfach gewählt wurden, so daß viele der gezeigten Netzeigenschaften von dem geübten Leser auch sofort erkannt werden können. Die dargestellten Verfahren erlauben jedoch - nicht zuletzt im Fall der rechnergestützten Anwendung - auch die Beschreibung des dynamischen Verhaltens komplexerer Netze, die nicht mehr leicht zu überblicken sind.

5.2 Nachweis der Lebendigkeit für beschränkte Petri–Netze

5.2.1 Konstruktion und Auswertung des Erreichbarkeitsgraphen

Einem Petri–Netz N kann ein gerichteter Graph, der Erreichbarkeitsgraph $E_N = (A, B)$, zugeordnet werden, dessen Knoten erreichbare Markierungen M von N darstellen:

$$A(E_N) = R_N(M_0) \qquad ; \qquad (5.1)$$

und dessen Kanten mit schaltfähigen Transitionen t_j beschriftet sind:

$$B(E_n) = \{(M, t_j, M') | M \in A(E_N) \wedge m' = m + t_j\} \qquad . \qquad (5.2)$$

Der Erreichbarkeitsgraph, der daher neben allen in dem Petri–Netz möglichen Markierungen auch die dazu notwendigen Schaltsequenzen aufzeigt, ist nur dann endlich (und damit konstruierbar), wenn N ein beschränktes Netz ist.

Die Abbildung 5.2 zeigt ein Beispielnetz und die geometrische Darstellung des zugehörigen Erreichbarkeitsgraphen. In den Knoten, die durch Ellipsen symbolisiert werden, sind die (transponierten) Vektoren der erreichbaren Markierungen eingetragen, wobei die Anfangsmarkierung $m_0^T = (0, 1, 0, 1, 0, 0)$ hervorgehoben ist. Die Anschrift einer Kante gibt diejenige Transition an, deren Schalten die Markierung des Ausgangsknotens in die Markierung des Zielknotens überführt. Die in einem Petri–Netz N anwendbaren Schaltsequenzen werden damit als Wege (d.h. Kantenfolgen) in dessen Erreichbarkeitsgraphen E_N sichtbar.

Die Grundidee eines Verfahrens zur Konstruktion des Erreichbarkeitsgraphen besteht darin, ausgehend von der Anfangsmarkierung M_0 durch wiederholte Überprüfung der schaltfähigen Transitionen und Ermittlung der Folgemarkierungen die Knotenmenge $A(E_N)$ und die Kantenmenge $B(E_N)$ zu erweitern und zu vervollständigen. Die Konstruktion ist abgeschlossen, wenn keine Transitionen mehr gefunden werden können, die durch Markierungen der Knotenmenge aktiviert werden und noch nicht durch entsprechende Kanten in der Kantenmenge enthalten sind. Wie der Algorithmus zeigen wird, besitzt ein Erreichbarkeitsgraph ausschließlich Knoten mit unterschiedlichen Markierungen. Eine ausführliche Darstellung des Algorithmus zur Konstruktion des Erreichbarkeitsgraphen ist in Form eines Struktogramms in der Abbildung 5.3 wiedergegeben. Aufgrund der umfangreichen Suchen, die im Laufe der Konstruktion des Erreichbarkeitsgraphen vorzunehmen sind, sollten bei der Umsetzung des Struktogramms in ein Digitalrechnerprogramm zugeschnittene Verfahren der Datenablage, wie z.B. das Hash–Verfahren, eingesetzt werden.

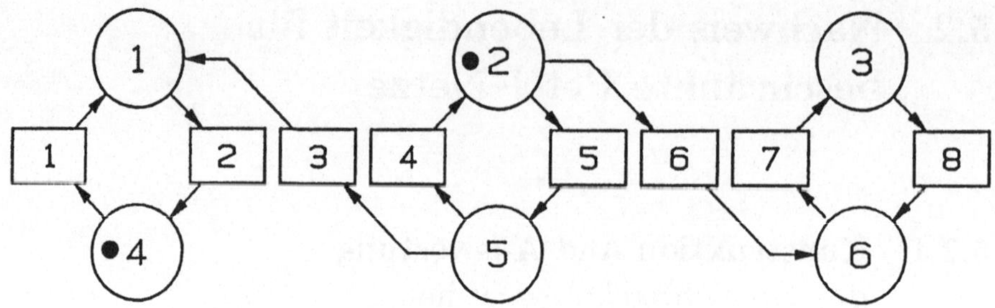

a) Petri-Netz

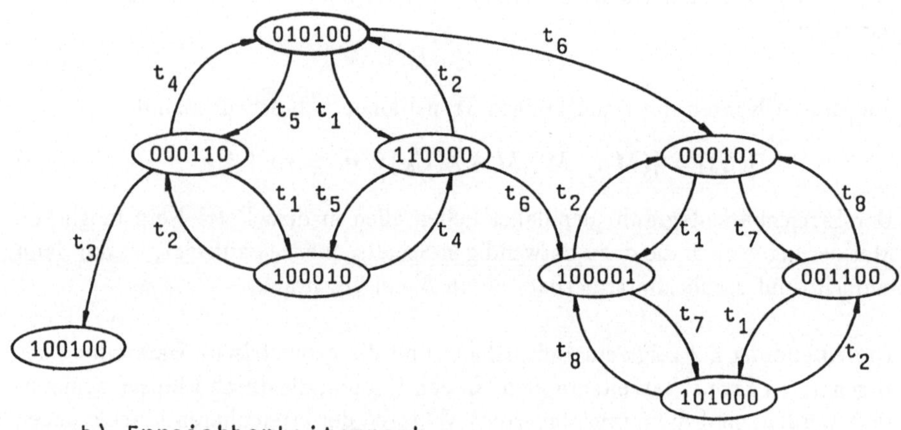

b) Erreichbarkeitsgraph

Abb. 5.2: Beschränktes Petri–Netz und dessen Erreichbarkeitsgraph

Aus dem Erreichbarkeitsgraph E_N eines Netzes N können die folgenden Eigenschaften unmittelbar abgeleitet werden:

a) Existenz einer toten Transition oder Markierung,

b) Erreichbarkeit (und Weg zu) einer Markierung,

c) Konflikt- oder

d) Kontaktsituation.

Zu a): Da die Kanten des Erreichbarkeitsgraphen anwendbare Schaltsequenzen wiedergeben, ist jede Transition t_j von N tot, die nicht (als Anschrift) in der Kantenmenge enthalten ist (vgl. Def. 2.10).

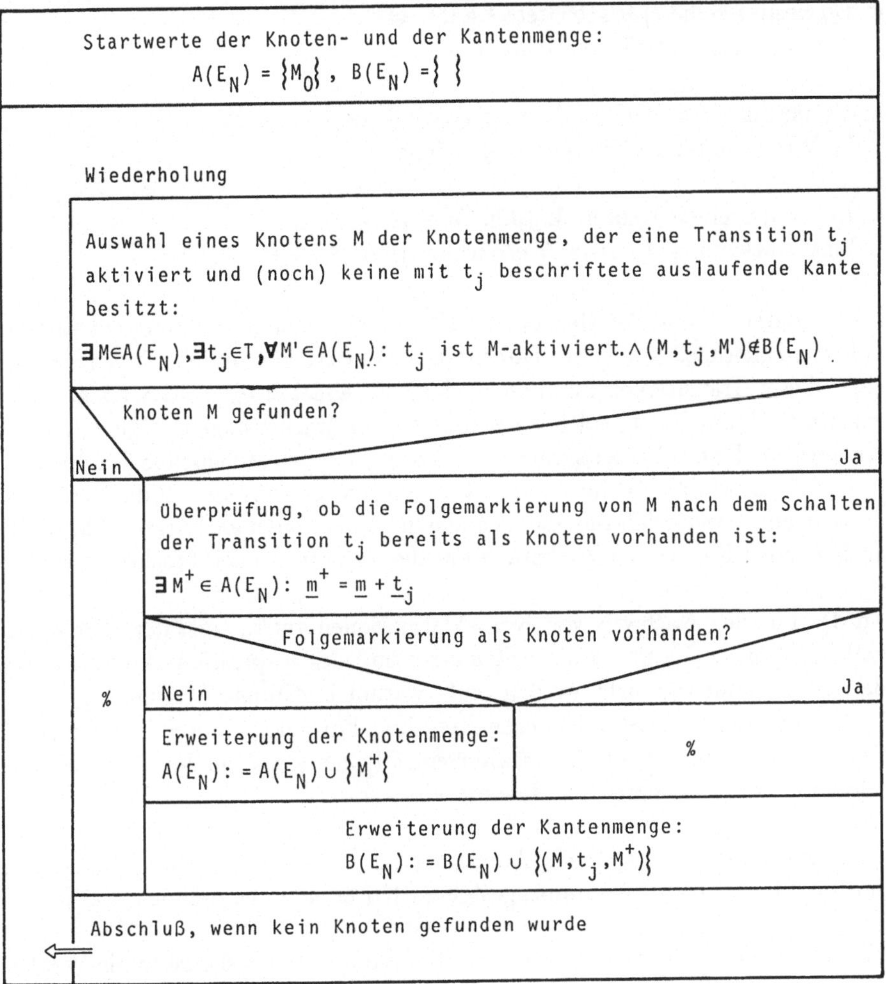

Abb. 5.3: Algorithmus zur Konstruktion des Erreichbarkeitsgraphen

Zu b): Aus der Definition der Knotenmenge von E_N (vgl. Gl. (5.1)) ergibt sich, daß eine erreichbare Markierung M von N auch als Knoten in dem Erreichbarkeitsgraphen enthalten sein muß. Anwendbare Schaltsequenzen σ, die zu dieser Markierung führen, entsprechen den möglichen Wegen im Erreichbarkeitsgraphen, die von der Anfangsmarkierung M_0 zu M führen (vgl. Def. 2.8). Dies wird ausgedrückt durch den

Satz 5.1 (Erreichbarkeit):

Es sei E_N der Erreichbarkeitsgraph eines Petri-Netzes N.

i. E_N besitzt keine t_j-beschriftete Kante. $\Leftrightarrow$
   N besitzt eine tote Transition $t_j \in T$.

ii. E_N besitzt einen Knoten M ohne auslaufende Kante. $\Leftrightarrow$
    In N ist eine totale Verklemmung möglich.

iii. E_N besitzt einen Knoten M (d.h. $M \in A(E_N)$). $\Leftrightarrow$
     Eine Markierung M ist in N erreichbar (d.h. $M \in R_N(M_0)$).

Zu c): Entsprechend der Definition 2.13 tritt bei einer Markierung ein Konflikt auf, wenn gleichzeitig mehrere Transitionen aktiviert sind und durch das Schalten einer dieser Transitionen mindestens einer der anderen die Aktiviertheit entzogen wird. Damit ist ein solcher Konflikt nur an Markierungen möglich, die (als Knoten) im Erreichbarkeitsgraphen mehr als eine auslaufendende Kante besitzen. Für den Nachweis eines Konfliktes bleibt zu überprüfen, ob die Zielknoten dieser Kanten weiterhin die jeweils anderen Transitionen aktivieren, d.h. ob die auslaufenden Kanten der Zielknoten mit diesen Transitionen beschriftet sind.

Zu d): Für den Nachweis von Kontaktsituationen wird neben dem Erreichbarkeitsgraphen die Kenntnis der Netzmatrix und des Kapazitätsvektors benötigt, da nach Gründen gesucht werden muß, warum bestimmte Markierungen *nicht* in dem Erreichbarkeitsgraphen enthalten sind. Für jeden Knoten ist dazu gemäß Satz 2.3 zu überprüfen, ob das Schalten einer Transition allein durch Markenüberschuß in deren Nachbereich verhindert wird.

Dem Erreichbarkeitsgraphen in Abbildung 5.2 ist nach einer Überprüfung der in den Punkten a) bis d) zusammengestellten Kriterien zu entnehmen,

a) daß das Petri–Netz keine tote Transition besitzt und daß eine totale Verklemmung, d.h. eine tote Markierung $\boldsymbol{m}_{tot}^T = (1,0,0,1,0,0)$ möglich ist,

b) die z.B. nach der Schaltsequenz $\sigma = t_1, t_5, t_2, t_3$ erreicht wird,

c) daß ein Konflikt u.a. bei der Anfangsmarkierung $\boldsymbol{m}_0^T = (0,1,0,1,0,0)$, und zwar zwischen den Transitionen t_5 und t_6 vorliegt und

d) daß u.a. bei der Markierung $\boldsymbol{m}^T = (1,0,0,0,1,0)$ eine Kontaktsituation auftritt.

5.2.2 Kondensation gerichteter Graphen

Während die vorher genannten Netzeigenschaften unmittelbar aus dem Erreichbarkeitsgraphen abgeleitet werden können, erfordert ein Nachweis weitergehender

Eigenschaften, z.B. der Nachweis der Lebendigkeit, eine Analyse der *Zusammenhangseigenschaften* des Erreichbarkeitsgraphen [43]. In der Graphentheorie heißt ein gerichteter Graph (Digraph) D stark zusammenhängend, wenn je zwei Knoten von D durch einen gerichteten Weg in beiden Richtungen verbunden sind [6], [9]. Ein trivialer Graph, d.h. ein Graph, der nur aus einem einzigen Knoten besteht, ist daher auch stark zusammenhängend. Der in Abbildung 5.4 abgebildete Digraph D_1 ist stark zusammenhängend, da alle Knoten in beiden Richtungen miteinander verbunden werden können; D_2 besitzt dagegen einen Knoten ohne einlaufende Kanten und ist daher nur zusammenhängend.

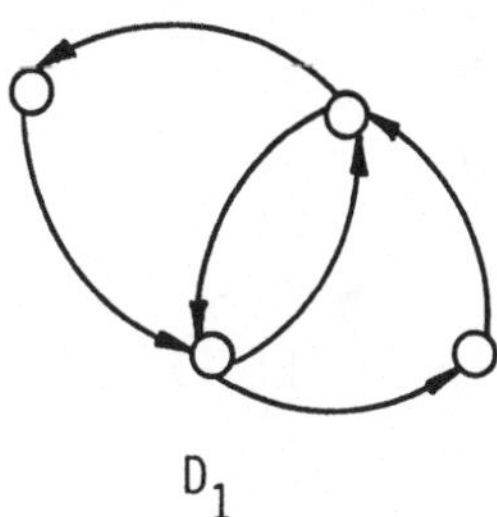
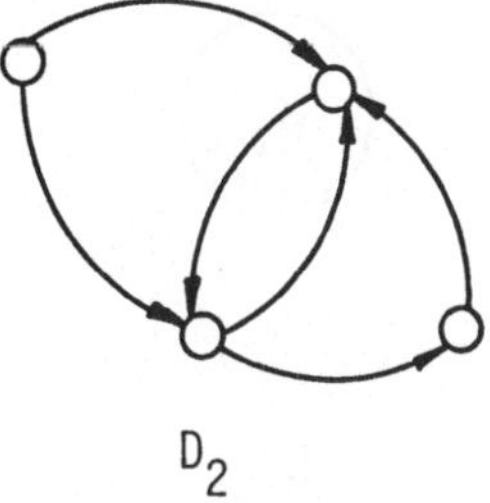

Abb. 5.4: Stark zusammenhängender (D_1) bzw. nicht stark zusammenhängender Digraph (D_2)

In einem Digraphen können Teilgraphen definiert werden, die stark zusammenhängen. Stark zusammenhängende Teilgraphen, die bei Hinzunahme eines weiteren Knoten diese Eigenschaft verlieren, sind maximale stark zusammenhängende Teilgraphen und heißen *starke Komponenten* eines Graphen. In Abbildung 5.5 ist zu erkennen, daß der nicht stark zusammenhängende Graph D_2 aus zwei einander zugeordneten starken Komponenten (K_1' und K_2') besteht, während der stark zusamenhängende Graph D_1 bereits eine starke Komponente (K_1) darstellt.

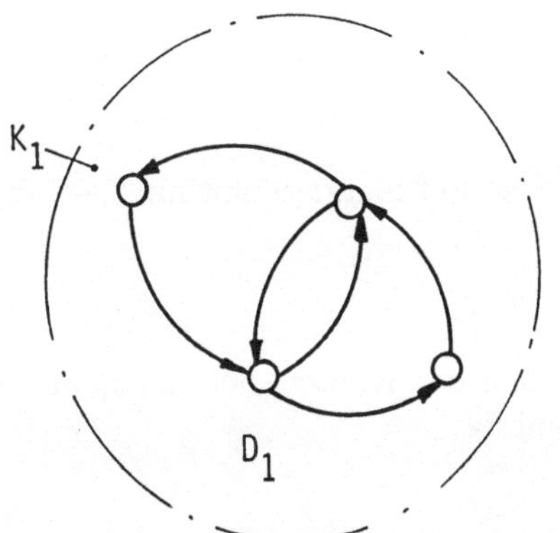

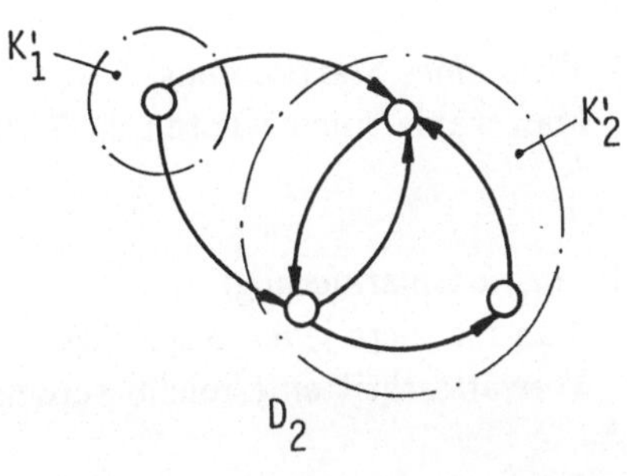

Abb. 5.5: Starke Komponenten der Digraphen D_1 und D_2

Aus einem Graph D kann ein "reduzierter Graph", die sogenannte *Kondensation* D^K gewonnen werden, dessen Knoten den starken Komponenten von D entsprechen und dessen Kanten die Zuordnungen der starken Komponenten zueinander wiedergeben. Die Kondensation D^K besitzt genau dann eine gerichtete Kante zwischen den Knoten K_i und K_j, wenn in dem ursprünglichen Graphen D mindestens ein Weg existiert, der einen Knoten aus K_i mit einem Knoten aus K_j verbindet. Die in Abbildung 5.6 abgebildeten Kondensationen der Graphen D_1 und D_2 zeigen schon hier, daß diese weniger Detailinformationen enthalten, jedoch wegen ihrer überschaubaren Struktur grundsätzliche Eigenschaften des ursprünglichen Graphen erkennen lassen.

Abb. 5.6: Kondensation der Digraphen D_1 und D_2

Aus der Definition der Kondensation eines gerichteten Graphen folgt, daß eine Kondensation stets Quellen (d.h. Knoten ohne einlaufende Kanten) enthält und selbst keine starken Zusammenhangseigenschaften besitzt. Die Kondensation D_1^K eines stark zusammenhängenden Graphen besteht stets aus einem Knoten, der gleichzeitig Quelle und Senke ist.

Während in den oben angeführten Beispielen die starken Komponenten leicht erkannt und abgegrenzt werden können, ist für umfangreichere Graphen eine systematische Vorgehensweise erforderlich. Nach [4] können die starken Komponenten eines gerichteten Graphen $D = (A, B)$ durch den im folgenden beschrieben Algorithmus bestimmt werden.

a) *Wahl eines Startknotens:*
   Man wähle einen Knoten $a_0 \in A(D)$ beliebig und markiere ihn mit $"+"$ und $"-"$.

b) *Vorwärtsmarkierung:*
   Man markiere jeden Nachfolger von a_0 (d .h. jeden Knoten, der von a_0 aus in Vorwärtsschritten erreicht werden kann) mit $"+"$.

c) *Rückwärtsmarkierung:*
   Man markiere jeden Vorgänger von a_0 (d .h. jeden Knoten, der von a_0 aus in Rückwärtsschritten erreicht werden kann) mit $"-"$.

Nach Abschluß des Verfahrens, das auch an Hand eines Beispiels in Abbildung 5.7 (vgl. Erreichbarkeitsgraph aus Abbildung 5.2) dargestellt ist, bilden alle diejenigen Knoten, die mit "+" *und* "−" markiert sind, eine starke Komponente von D. Für die nicht in dieser Komponente enthaltenen Knoten ist das Verfahren beginnend mit einem dieser Knoten zu wiederholen, bis alle starken Komponenten des Digraphen D ermittelt sind.

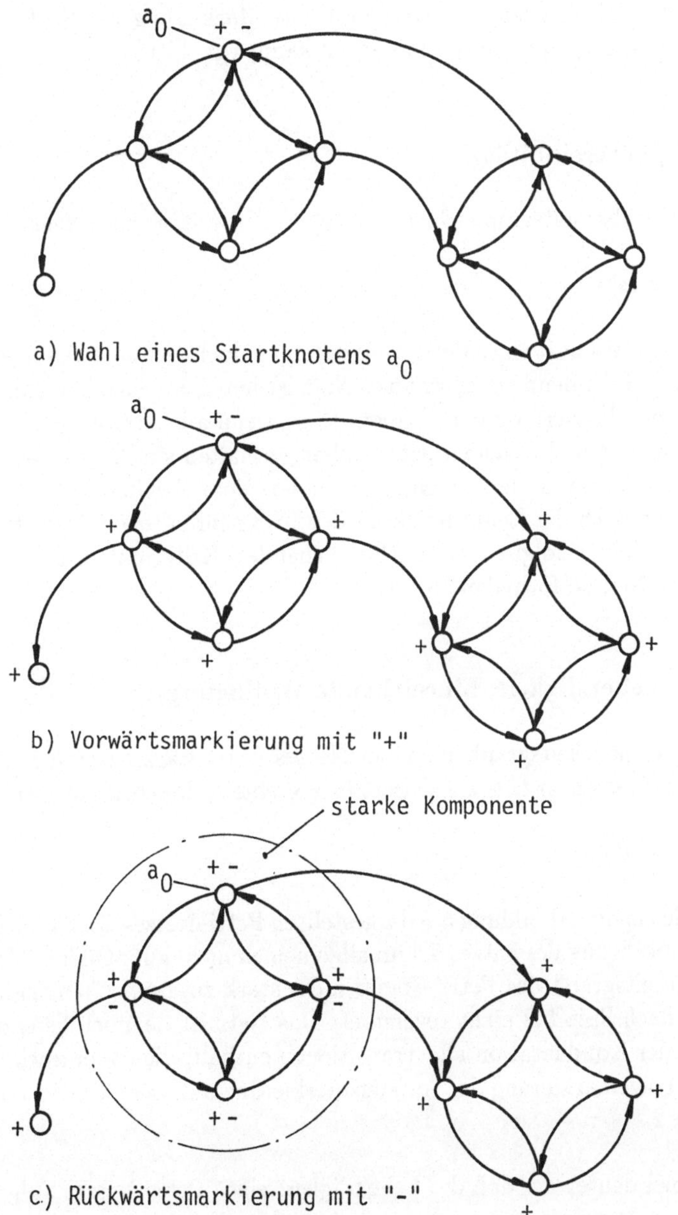

Abb. 5.7: Ermittlung der starken Komponenten eines Digraphen D

5.2.3 Lebendigkeitsnachweis

In einem Petri–Netz N mit stark zusammenhängenden Erreichbarkeitsgraphen E_N kann offenbar jede Markierung $M_1 \in R_N(M_0)$ in jede Markierung $M_2 \in R_N(M_0)$ überführt werden, d .h. N ist nach Definition 2.9 ein reversibles Netz. Umgekehrt zeigt ein nicht stark zusammenhängender Erreichbarkeitsgraph, daß das zugehörige Petri–Netz nicht reversibel ist, da die Kondensation mindestens eine Quelle und eine Senke besitzt und eine Markierung der Senke nie in eine Markierung der Quelle überführt werden kann; vgl. hierzu den

Satz 5.2 (Reversibilität):

Der Erreichbarkeitsgraph E_N eines Netzes N ist stark zusammenhängend. $\Leftrightarrow$

N ist reversibel.

Aus der Reversibilität eines Petri–Netzes folgt jedoch nicht notwendigerweise dessen Lebendigkeit, denn ein reversibles Netz ist nur dann auch lebendig, wenn alle Transitionen aktiviert werden können, (d.h. wenn alle Transitionen als Kantenanschriften in dem Erreichbarkeitsgraphen enthalten sind). Hier wird deutlich, daß für den Nachweis der Lebendigkeit neben dem (kondensierten) Erreichbarkeitsgraphen auch die Kenntnis der in dem Netz enthaltenen Transitionen erforderlich ist. Hieraus folgt ein erstes (hinreichendes) Kriterium für die Lebendigkeit eines Petri–Netzes, formuliert in dem

Satz 5.3 (Lebendigkeit, hinreichende Bedingung):

[Der Erreichbarkeitsgraph E_N eines Netzes N ist stark zusammenhängend. $\wedge$ Zu jeder Transition $t_j \in T$ existiert in E_N eine t_j-beschriftete Kante.] $\Rightarrow$

N ist lebendig.

Anhand des in der Abbildung 5.8 dargestellten Petri–Netzes kann gezeigt werden, daß die Umkehrung des Satzes 5.3 im allgemeinen nicht gilt. Offensichtlich ist der Erreichbarkeitsgraph des Petri–Netzes nicht stark zusammenhängend; das Netz ist daher nach Satz 5.2 nicht reversibel. Das Netz ist dennoch lebendig, da die Senke K_2 der Kondensation alle Transitionen enthält, die daher auch ausgehend von jeder Folgemarkierung der Anfangsmarkierung aktiviert werden können (vgl. Definition 2.11).

Das Beispiel deutet an, daß die Lebendigkeit eines Petri–Netzes aufgrund einer Analyse der Zuordnungen zwischen den starken Komponenten des Erreichbarkeitspraphen entschieden werden kann. Für eine entsprechende Verfeinerung der

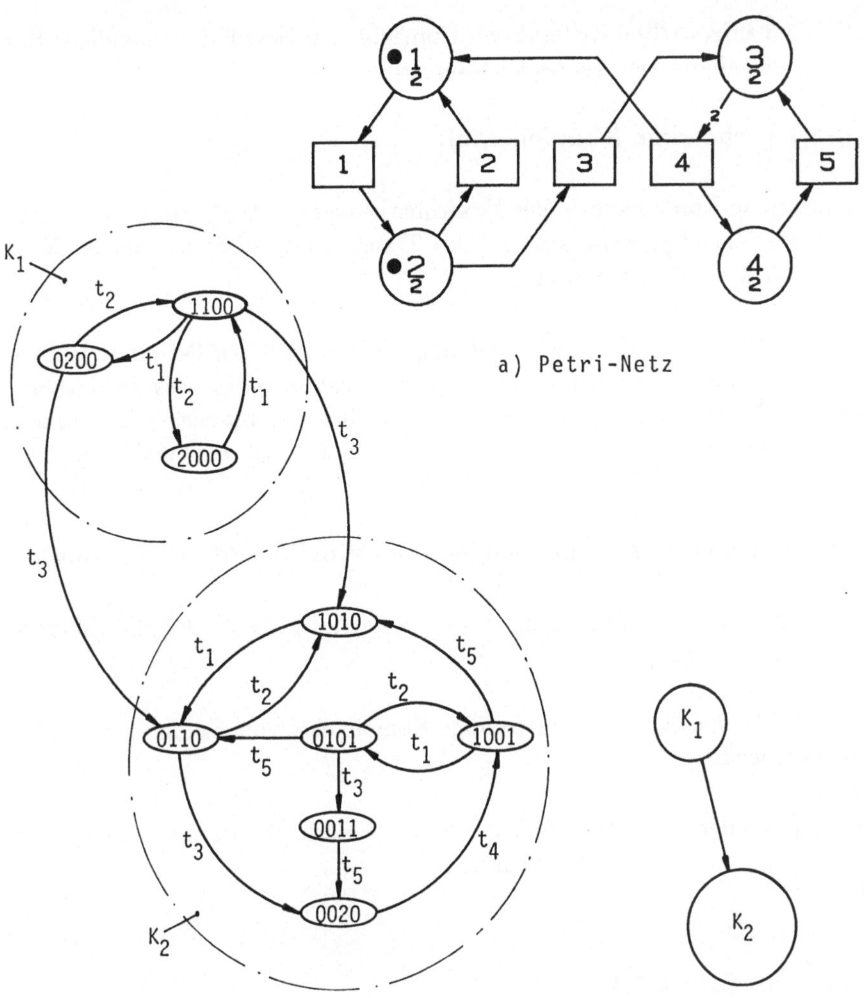

a) Petri-Netz

b) nicht stark zusammenhängender Erreichbarkeitsgraph des Petri-Netzes

c) Kondensation des
Erreichbarkeits-
graphen

Abb. 5.8: Lebendiges, nicht reversibles Petri–Netz mit Erreichbarkeitsgraph und dessen Kondensation

in Satz 5.3 aufgestellten Kriterien wird zunächst der Begriff der *lebendigen Komponente* eingeführt, der festgelgt ist durch die

Def. 5.1 (Lebendige Komponente):

Eine starke Komponete K des Erreichbarkeitsgraphen E_N eines Petri–Netzes N heißt lebendig, wenn sie zu jeder Transition $t_j \in T$ des Netzes N eine t_j–beschriftete Kante besitzt.

Die starke Komponente K_2 aus Abbildung 5.8 ist nach dieser Definition lebendig; K_1 ist auch stark zusammenhängend, jedoch nicht lebendig. Aus den bisher gewonnenen Erkenntnissen läßt sich eine notwendige und hinreichende Bedingung für die Lebendigkeit eines Petri–Netzes ableiten. Dies ist der Inhalt von

Satz 5.4 (Lebendigkeit, notwendige und hinreichende Bedingung):

Es sei E_N der Erreichbarkeitsgraph eines Petri–Netzes N, E_N^K die Kondensation von E_N.

Jede Senke von E_N^K ist eine lebendige Komponente von E_N. $\Leftrightarrow$
N ist lebendig.

Der im folgenden geführte Beweis des Satzes 5.4 erfolgt (für beide Implikationsrichtungen) jeweils durch Widerspruch.

Beweis des Satzes 5.4:

$\Leftarrow$ Annahme, K_S sei eine Senke der Kondensation E_N^K, die nicht lebendig ist. Nach Definition 5.1 existiert dann eine Transition $t_j \in T$ des Netzes N, die nicht (als Kantenanschrift) in der starken Komponente K_S des Erreichbarkeitsgraphen E_N enthalten ist. Daher besitzt K_S eine Markierung (als Knoten), von der aus t_j nicht aktiviert werden kann. Nach Definition 2.11 ist die Transition t_j und damit auch das Netz N unter der getroffenen Annahme nicht lebendig.

$\Rightarrow$ Annahme, das Petri–Netz N sei nicht lebendig.

Nach Definition 2.11 existiert dann mindestens eine Markierung $M \in R_N(M_0)$ und eine Transition $t_j \in T$, die durch keine Folgemarkierung $M' \in R_N(M)$ von M aktiviert wird; d.h.

$$\exists M \in R_N(M_0), \exists t_j \in T, \not\exists M' \in R_N(M) : t_j \text{ ist } M'\text{–aktiviert.}$$

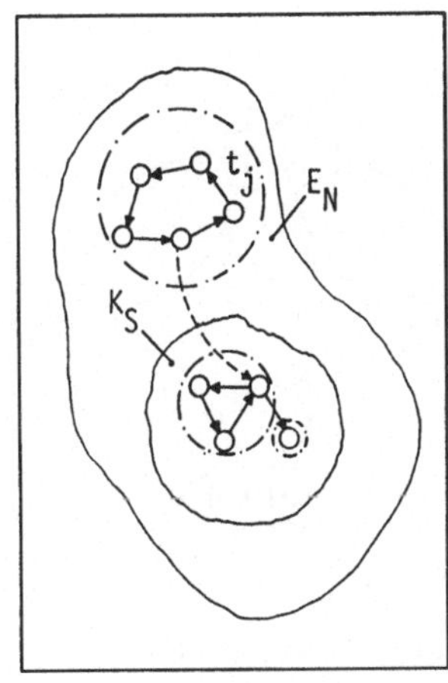

Alle Markierungen $M \in R_N(M_0)$ mit dieser Eigenschaft (keine Folgemarkierung zu besitzen, die t_j aktiviert) stellen im Erreichbarkeitsgraphen E_N einen Teilgraphen K_S dar, der keine t_j–beschriftete Kante besitzt. Nach der Definition des Teilgraphen K_S kann die Transition t_j von einem außerhalb von K_S liegenden Knoten (oder einem seiner Nachfolger) aktiviert werden. Daher führen ausgehend von Knoten des Teilgraphen K_S keine Kanten zu Knoten, die nicht in K_S enthalten sind (s. Skizze). Somit ist die Kondensation K_S^K (von K_S) auch ein Teilgraph der Kondensation E_N^K (von E_N) und jede Senke von K_S^K ist auch ein Teilgraph der Kondensation E_N^K. Da K_S^K mindestens eine Senke und K_S keine t_j–beschriftete Kante besitzt, existiert in K_S^K und damit in E_N^K mindestens eine Senke, die keine lebendige Komponente von E_N ist.

Die Aussage des Satzes 5.4 kann in Hinblick auf den Nachweis der Existenz totaler bzw. partieller Verklemmungen detailliert werden, womit eine Interpretation der Kondensation unterstützt wird. Diese Detaillierungen sind enthalten in dem

Satz 5.5 (Totale und partielle Verklemmung):

Es sei E_N der Erreichbarkeitsgraph eines Petri–Netzes N, E_N^K die Kondensation von E_N.

i. Eine Senke von E_N^K ist eine nicht lebendige Komponente von E_N, die keine Kanten besitzt und somit aus nur einem Knoten besteht. $\Leftrightarrow$
In N ist eine totale Verklemmung möglich.

ii. Eine Senke von E_N^K ist eine nicht lebendige Komponente von E_N, die zu mindestens einer Transition $t_j \in T$ von N eine t_j–beschriftete Kante besitzt. $\Leftrightarrow$
In N ist eine partielle Verklemmung möglich.

Die Gültigkeit des Satzes 5.5 kann mit Überlegungen gezeigt werden, die der Beweisführung des vorangegangenen Satzes 5.4 ähnlich sind. Während auf Grundlage eines (nicht kondensierten) Erreichbarkeitsgraphen u.a. tote Markierungen und damit totale Verklemmungen nachgewiesen werden können, bietet eine Analyse der Kondensation des Erreichbarkeitsgraphen nach Satz 5.5 die Möglichkeit, totale *und* partielle Verklemmungssituationen aufzuzeigen.

Zur Erläuterung des Satzes 5.5 werde der in Abbildung 5.9 gezeigte Erreichbarkeitsgraph (und dessen Kondensation) betrachtet, der bereits voher einer Aus-

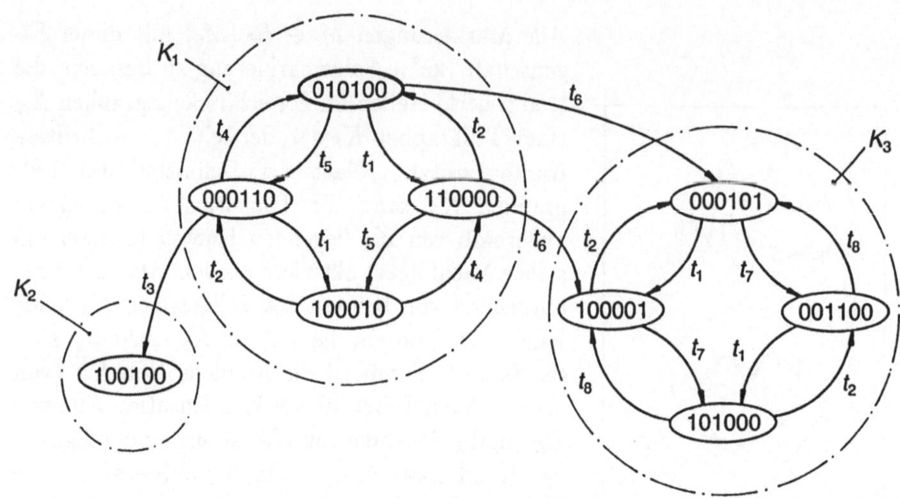

a) Starke Komponenten des Erreichbarkeitsgraphen E_N

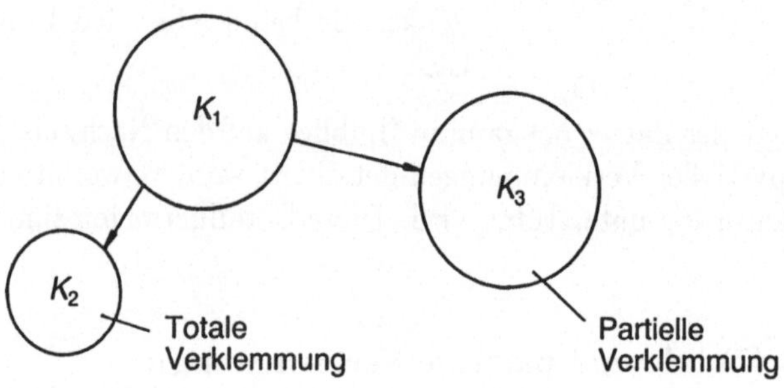

b) Kondensation E_N^K

Abb. 5.9: Totale und partielle Verklemmungssituationen des Petri–Netzes aus Abbildung 5.2

wertung unterzogen worden ist. Die bereits erkannte tote Markierung $m_{tot}^T = (1,0,0,1,0,0)$ äußert sich als starke Komponente K_2, die keine t_j-beschriftete Kante besitzt und eine Senke der Kondensation darstellt. Da in der starken Komponente K_3, die ebenfalls eine Senke der Kondensation ist, die Transitionen t_3, t_4, t_5 und t_6 nicht (als Kantenanschriften) enthalten sind, kann in dem zugehörigen Petri–Netz aus Abbildung 5.2 neben der totalen auch eine partielle Verklemmungssituation auftreten. Das Beispiel zeigt ferner, daß aus der Kondensation des Erreichbarkeitsgraphen neben dem Existenznachweis von Verklemmungssituationen auch Informationen über deren Ursachen zu entnehmen sind. So ist z.B. aus der Zuordnung der starken Komponenten K_1 und K_3 erkennbar, daß das Netz nach Schalten der Transition t_6 auf jeden Fall in eine partielle Verklemmung gerät; das Schalten der Transition t_3 führt entsprechend zu einer totalen Verklemmung.

Im folgenden sollen an Hand einiger Beispiele Möglichkeiten aufgezeigt werden, die Kondensation eines Erreichbarkeitsgraphen und daraus abgeleitete Aussagen zu interpretieren. Liegt eine partielle Verklemmung vor, so sind eine oder mehrere Funktionen eines diskret gesteuerten Systems nach Erreichen eines bestimmten Zustandes nicht mehr ausführbar, obwohl kein Systemstillstand wie im Fall der totalen Verklemmung vorliegt. Während das Auftreten einer totalen Verklemmung stets einen Entwurfs- oder Modellierungsfehler aufzeigt, stellt eine partielle Verklemmung dann kein Fehlverhalten dar, wenn es beabsichtigt ist, daß einige Funktionen von einem bestimmten Zustand aus nicht mehr aktivierbar sind. Somit gewinnt die Aussage, daß ein Netz nicht lebendig ist, dann an Wert, wenn z.B. durch Betrachtung des kondensierten Erreichbarkeitsgraphen analysiert wird, *warum* das Netz nicht lebendig ist. In Abbildung 5.10 sind als Beispiele drei denkbare Kondensationstypen dargestellt, die nicht lebendige Petri–Netze und trotzdem funktionstüchtige Systeme verkörpern.

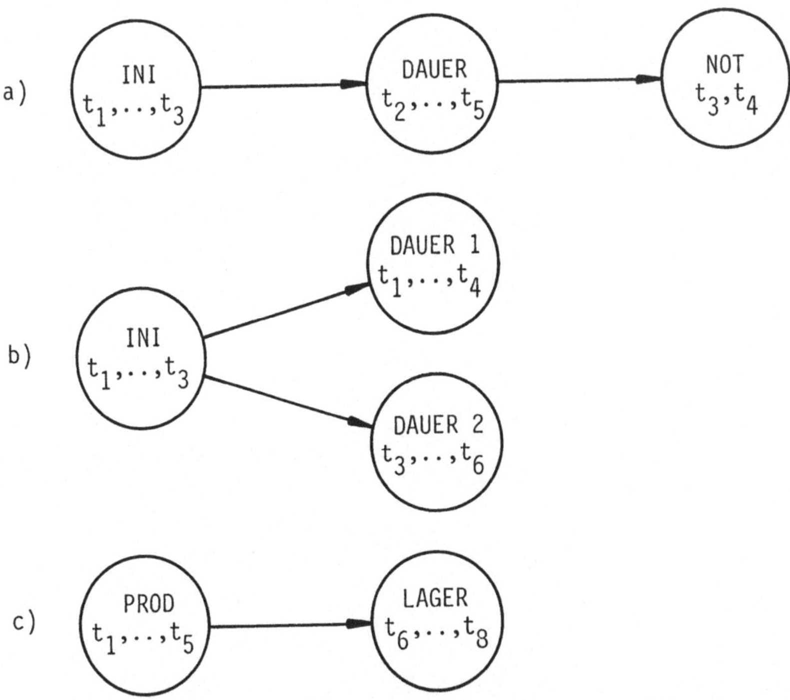

Abb. 5.10: Kondensationen nicht–lebendiger Petri–Netze

Das der ersten Kondensation (Fall a) entsprechende System besitzt eine Initialisierungsphase, deren Transition t_1 im folgenden Dauer- bzw. Notbetrieb nicht wieder aktiviert werden soll, da die betreffende Aktion nur zum Starten des Prozesses erforderlich ist. Im Notbetrieb wird nur noch eine verminderte Anzahl der Aktionen des Dauerbetriebes ausgeführt (Transitionen t_3 und t_4). Die Senke "Notbetrieb" ist somit keine lebendige Komponente der Kondensation. Trotzdem kann das Gesamtsystem funktionsfähig sein.

Bei der zweiten Kondensation (Fall b) besitzen zwei unterschiedliche Prozesse eine gemeinsame Initialisierungsphase. Die beiden Teilsysteme führen im Dauerbetrieb z.T. unterschiedliche Aktionen aus. Deshalb können die Senken keine lebendigen Komponenten der Kondensation sein.

Im dritten Beispiel (Fall c) haben die beiden Komponenten keine Transition gemeinsam, so daß die Senke ”Lager” keine lebendige Komponente ist. Da bei einem System dieser Art ein negatives Ergebnis der Lebendigkeitsuntersuchung schon vor der Modellierung ersichtlich ist, könnte hier auch alternativ zur Betrachtung des Gesamtsystems zwischen den Komponenten ”Produktion” und ”Lager” eine Schnittstelle vorgesehen und der Lebendigkeitsnachweis getrennt geführt werden.

5.3 Nachweis der Beschränktheit von Petri–Netzen

5.3.1 Konstruktion des Überdeckungsgraphen

Im Gegensatz zum Erreichbarkeitsgraph kann der Überdeckungsgraph $U_N = (A, B)$ für jedes - auch unbeschränkte - Petri–Netz N konstruiert werden. Die Grundidee der Konstruktion besteht darin, aus der Erreichbarkeitsmenge streng monoton steigende Folgen von Markierungen zu erkennen und auszusortieren. Zur Erläuterung wird zunächst der Begriff der "überdeckten Markierung" benötigt, der festgelegt ist durch die

Def. 5.2 (Überdeckte Markierung):

Es seien M und M' Markierungen eines Petri–Netzes N.

Eine Markierung M wird von einer Markierung M' überdeckt, falls gilt:

$$\boldsymbol{m} \leq \boldsymbol{m}' \qquad (d.h. \quad (m_i) \leq (m_i') \text{ für alle } i = 1(1)|S|) \qquad .$$

Angenommen, M ist eine erreichbare Markierung des Netzes N $(M \in R_N(M_0))$ und M' eine Folgemarkierung von M $(M' \in R_N(M))$. Dann gibt es eine bei M anwendbare Schaltsequenz σ, bzw. einen Schalthäufigkeitsvektor $\boldsymbol{v}_\sigma$, der M in M' überführt, so daß gilt:

$$\boldsymbol{m}' = \boldsymbol{m} + \boldsymbol{N} \cdot \boldsymbol{v}_\sigma \qquad . \tag{5.3}$$

Wenn M durch M' überdeckt wird, so ist die Schaltsequenz σ auch bei M' anwendbar und führt zu einer Folgemarkierung M'' mit

$$\boldsymbol{m}'' = \boldsymbol{m}' + \boldsymbol{N} \cdot \boldsymbol{v}_\sigma = \boldsymbol{m} + 2(\boldsymbol{N} \cdot \boldsymbol{v}_\sigma) = \boldsymbol{m} + 2(\boldsymbol{m}' - \boldsymbol{m}) \qquad , \tag{5.4}$$

bei der die Schaltsequenz σ erneut ausgeführt werden kann. Für $\boldsymbol{m} \neq \boldsymbol{m}'$ entsteht daher eine unendliche Folge von verschiedenen erreichbaren Markierungen $M^{(k)} \in R_N(M_0)$ mit

$$\boldsymbol{m}^k = \boldsymbol{m} + k(\boldsymbol{m}' - \boldsymbol{m}) \text{ für alle } k \in \mathbf{N} \qquad . \tag{5.5}$$

Das Netz ist damit unbeschränkt. Zur Abbildung solcher unendlicher Folgen von Markierungen wird das Symbol "ω" eingeführt, womit eine beliebig große, natürliche Zahl mit folgenden Eigenschaften bezeichnet wird (vgl. Unendlichkeitssymbol ∞):

$$\left.\begin{array}{l} \omega + n = \omega \\ \omega - n = \omega \\ n < \omega \\ \omega \leq \omega \end{array}\right\} \quad \text{für alle } n \in \mathbf{N} \quad . \tag{5.6}$$

Eine Markierungsmenge nach Gleichung (5.5) kann damit im Überdeckungsgraphen U_N durch einen einzigen Knoten M^* mit

$$(m_i^*) = \left\{ \begin{array}{ll} \omega & , \quad \text{falls} \quad (m_i') > (m_i) \\ (m_i) & , \quad \text{sonst} \end{array}\right. \quad \text{für } i = 1(1)|S| \tag{5.7}$$

dargestellt werden. Die Markierung M^* überdeckt jede Markierung der Folge nach Gleichung (5.5), d.h. es gilt:

$$\boldsymbol{m}^* \geq \boldsymbol{m}^{(k)} \quad \text{für alle } k \in \mathbf{N} \quad , \tag{5.8}$$

wobei jede ω–Komponente von M^* anzeigt, daß sich auf der entsprechenden Stelle unendlich viele Marken ansammeln können. Die Konstruktion des Überdeckungsgraphen geht auf KARP und MILLER [21] zurück, die auch zeigten, daß der Überdeckungsgraph für jedes Petri–Netz endlich ist (zum Beweis siehe auch [15], [34]).

Der Abbildung 5.11 kann der Algorithmus zur Konstruktion des Überdeckungsgraphen entnommen werden, wobei hier unter dem Begriff "Vorgänger von M^+" _alle_ Knoten M^- verstanden werden, von denen aus der Knoten M^+ in einem oder mehreren Vorwärtsschritten erreicht werden kann. Der Vergleich der Abbildungen 5.3 und 5.11 verdeutlicht, daß zur Konstruktion eines Überdeckungsgraphen der Algorithmus zur Konstruktion des Erreichbarkeitsgraphen lediglich bei der Erweiterung der Knotenmenge modifiziert werden muß.

Die Abbildung 5.12 zeigt ein Beispiel eines unbeschränkten Petri–Netzes und dessen Überdeckungsgraph, der nach dem beschriebenen Algorithmus konstruiert werden kann. Die Bedeutung der Kanten eines Überdeckungsgraphen U_N entspricht der Bedeutung der Kanten eines Erreichbarkeitsgraphen E_N. Dagegen stellen die Knoten des Überdeckungsgraphen "überdeckende" (statt erreichbare) Markierungen Zen dar, wobei nicht jede überdeckte Markierung eines Netzes auch

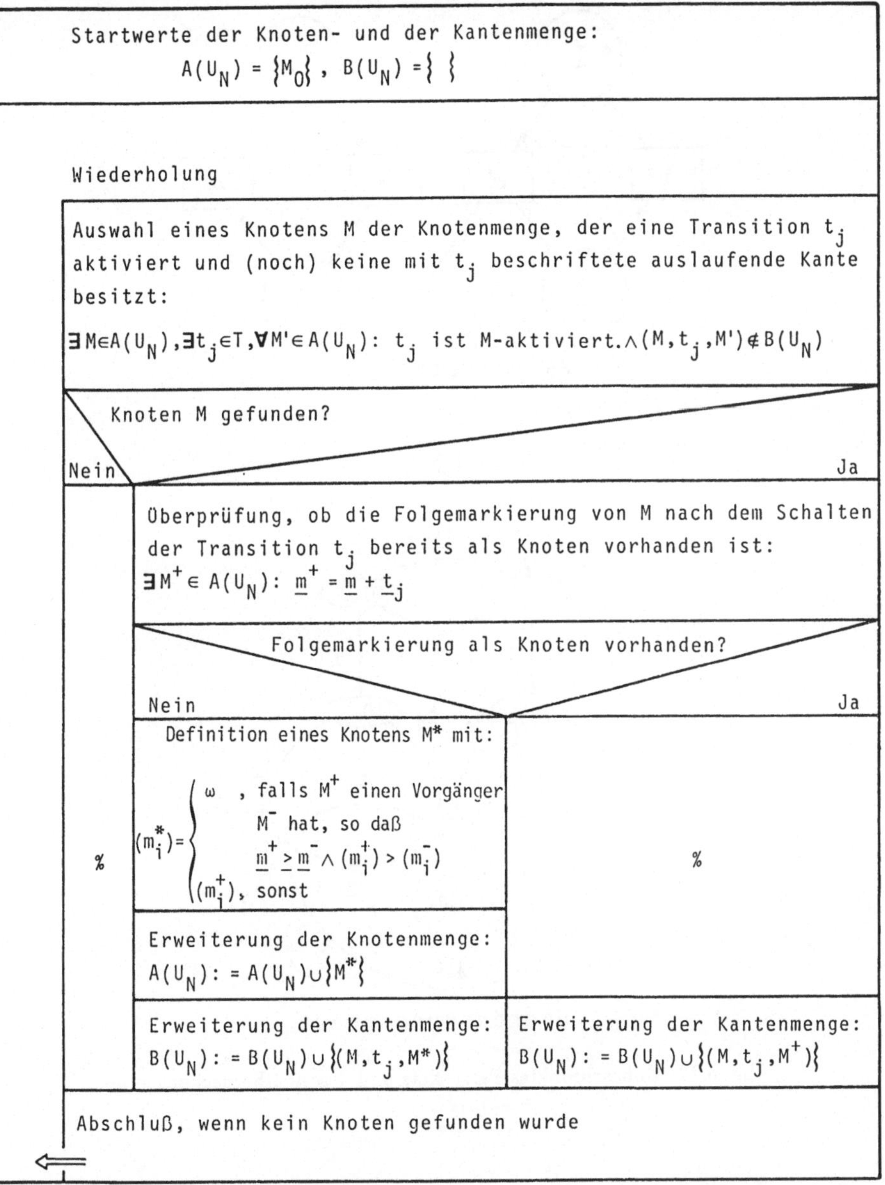

Abb. 5.11: Algorithmus zur Konstruktion eines Überdeckungsgraphen

erreichbar ist. Aus dem Überdeckungsgraphen in Abbildung 5.12 kann daher entnommen werden, daß sich auf den Stellen s_3 und s_4 unendlich viele Marken ansammeln können. Allerdings wird z.B. auch die nicht erreichbare Markierung $m^T = (1,0,3,0)$ von einem Knoten überdeckt. Die Information, daß auf der Stelle s_3 ausschließlich gerade Markenanzahlen möglich sind, geht bei der Konstruktion des Überdeckungsgraphen offenbar verloren.

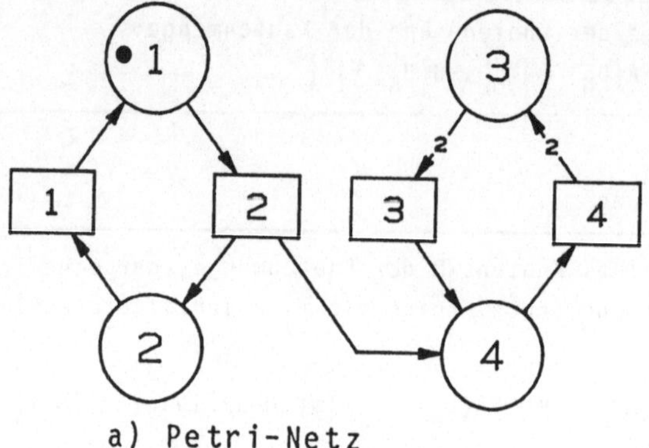

a) Petri-Netz

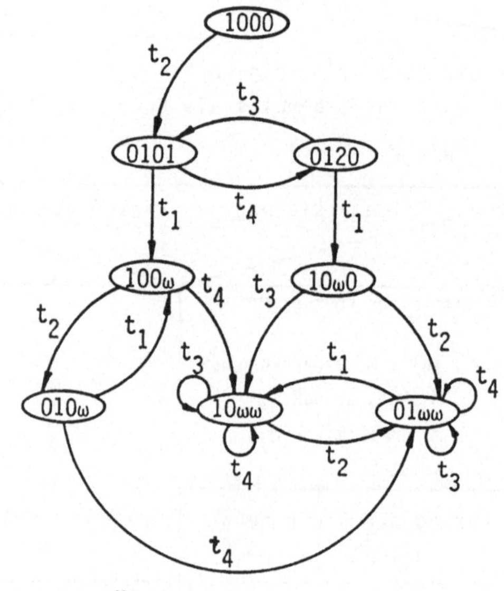

b) Überdeckungsgraph

Abb. 5.12: Unbeschränktes Petri–Netz und dessen Überdeckungsgraph

Wird im Laufe der Konstruktion eines Überdeckungsgraphen ein neuer Knoten hinzugefügt, so hängt die Frage, ob dieser eine (oder mehrere) ω-Komponenten erhält, von dessen *bisherigen* Vorgängern ab. Das führt dazu, daß für ein Petri–Netz durch verschiedene Reihenfolgen der betrachteten Schaltsequenzen auch verschiedene Überdeckungsgraphen konstruiert werden können, bzw. daß nach abgeschlossener Konstruktion ggf. noch eine Reduzierung möglich ist [37]. Im Gegensatz zum Erreichbarkeitsgraphen können daher einem Petri–Netz im allgemeinen mehrere Überdeckungsgraphen zugeordnet werden. Dies berührt jedoch nicht die Gültigkeit der zuvor zusammengestellten Netzeigenschaften, die auf der Grundlage eines Überdeckungsgraphen entscheidbar sind.

5.3.2 Beschränktheitsnachweis

Im folgenden sollen die Möglichkeiten und Grenzen einer Netzanalyse gezeigt werden, die auf der Konstruktion eines Überdeckungsgraphen aufbaut. Dazu werden zunächst die wesentlichen Eigenschaften eines Überdeckungsgraphen zusammengefaßt, und zwar in dem folgenden

Hilfssatz (Überdeckungsgraph):

Es sei U_N der Überdeckungsgraph eines Petri–Netzes N.

i. Ein Überdeckungsgraph U_N ist für jedes Netz N endlich.

ii. Zu jeder in N anwendbaren Schaltsequenz σ existiert in U_N ein Weg, der mit den Transitionen von σ in der Reihenfolge ihres Schaltens beschriftet ist.

iii. Jede erreichbare Markierung von N wird durch einen Knoten von U_N überdeckt, d.h.

$$M \in R_N(M_0) \Rightarrow [\exists M^* \in A(U_N) : m \leq m^*]\quad .$$

iv. Jeder Knoten von U_N überdeckt eine erreichbare Markierung von N, d.h.

$$M^* \in A(U_N) \Rightarrow [\exists M \in R_N(M_0) : m^* \geq m]\quad .$$

v. Jeder Knoten von U_N, der keine ω–Komponente besitzt, ist eine erreichbare Markierung von N, d.h.

$$[M^* \in A(U_N) \wedge m^* \in \mathbb{N}^{|S|}] \Rightarrow M^* \in R_N(M_0)\quad .$$

Wegen des Verlustes an Information, der bei der Konstruktion eines Überdeckungsgraphen hingenommen werden muß, können aus einem Überdeckungsgraphen weit weniger Detailaussagen über das dynamische Verhalten eines Petri–Netzes gewonnen werden, als dies der Erreichbarkeitsgraph zuläßt. Aufgrund eines Überdeckungsgraphen kann jedoch entschieden werden, ob ein Petri–Netz

a) beschränkt ist und/oder

b) eine tote Transition

besitzt. Diese Entscheidungsverfahren lassen sich aus den im Hilfssatz (i-v) aufgeführten Eigenschaften unmittelbar ableiten.

Zu a): Es kann gezeigt werden, daß ein Petri–Netz genau dann unbeschränkt ist, wenn eine erreichbare Markierung durch eine ihrer Folgemarkierungen überdeckt wird [21]. Aus dem Konstruktionsalgorithmus in Abbildung 5.11 ist ersichtlich, daß der Überdeckungsgraph dann einen Knoten mit ω-Komponente besitzt. Für ein beschränktes Netz enthält daher nach Hilfssatz (v) jeder Knoten eine erreichbare Markierung - der Überdeckungs- und der Erreichbarkeitsgraph sind identisch. Das Kriterium für die Beschränktheit eines Petri-Netz wird ausgedrückt durch den

Satz 5.6 (Beschränktheit):

Es sei U_N ein Überdeckungsgraph eines Petri-Netzes N.

i. U_N besitzt einen Knoten M mit mindestens einer ω-Komponente (d.h. $\boldsymbol{m} \notin \mathbf{N}^{|S|}$). $\Leftrightarrow$ N ist unbeschränkt.

ii. U_N besitzt einen Knoten M mit mindestens einer Komponente, die größer als eins ist (d.h. $\boldsymbol{m} \notin \{0,1\}^{|S|}$). $\Leftrightarrow$
N ist nicht sicher.

Der Satz 5.6 bedarf der Ergänzung, daß bei Anwendung der starken Schaltregel der Überdeckungs- und der Erreichbarkeitsgraph nur für kontaktfreie beschränkte Netze identisch sind. Bei dieser Schaltregel ist ein Netz genau dann unbeschränkt, wenn für eine Stelle mit unendlicher Kapazität im Überdeckungsgraphen eine ω-Komponente auftritt.

Zu b): Besitzt ein Überdeckungsgraph U_N keine t_j-beschriftete Kante, so ist nach Hilfssatz (ii) in dem Netz N keine Schaltsequenz anwendbar, bei der t_j aktiviert wird; t_j ist damit eine tote Transition. Enthält U_N hingegen eine t_j-beschriftete Kante und ist M^* Ausgangsknoten dieser Kante, so existiert nach Hilfssatz (iv) eine von M^* überdeckte erreichbare Markierung M, die t_j aktiviert. Damit kann die Existenz von toten Transitionen entschieden werden; vgl. dazu den

Satz 5.7 (Tote Transition):

Es sei U_N ein Überdeckungsgraph eines Petri-Netzes N.

i. U_N besitzt keine t_j-beschriftete Kante. $\Leftrightarrow$
N besitzt eine tote Transition $t_j \in T$.

ii. U_N besitzt einen Knoten M ohne auslaufende Kante. $\Rightarrow$
In N ist eine totale Verklemmung möglich.

Ein Knoten ohne auslaufende Kanten überdeckt nach Hilfssatz (iv) eine erreichbare Markierung, die zudem tot ist. Da nicht alle erreichbaren (toten) Markie-

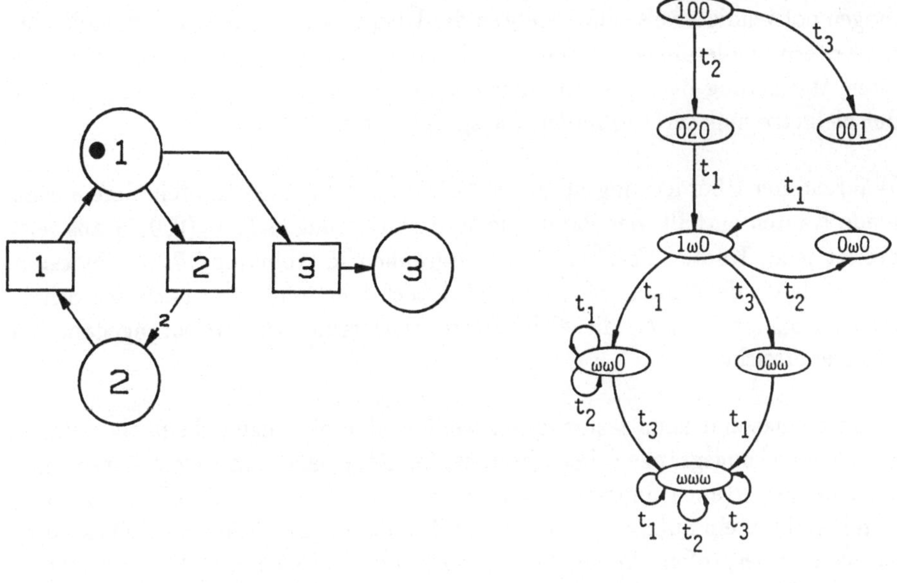

Abb. 5.13: Petri–Netz mit möglicher toter Markierung, die im Überdeckungsgraphen erkannt wird ($\sigma_{tot} = t_3$)

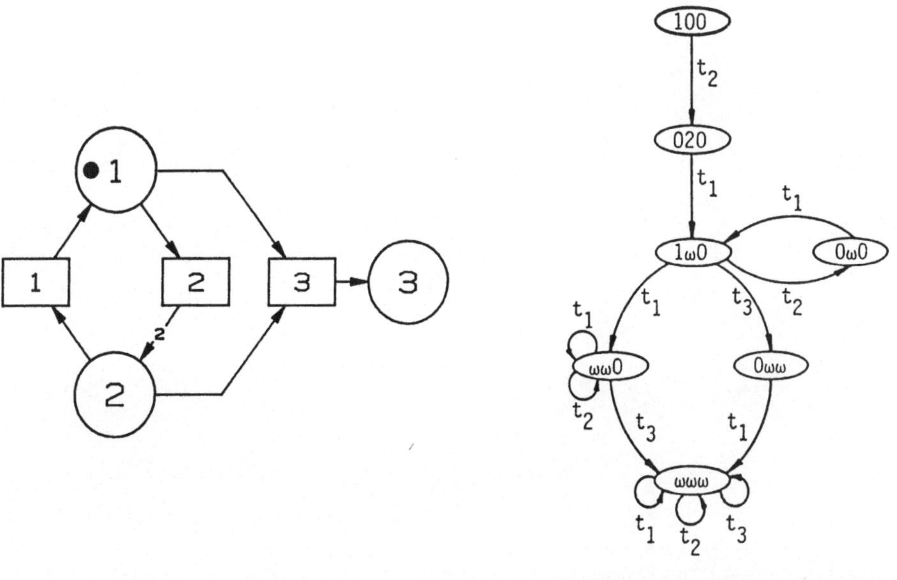

Abb. 5.14: Petri–Netz mit möglicher toter Markierung, die im Überdeckungsgraphen *nicht* erkannt wird ($\sigma_{tot} = t_2, t_1, t_3$)

rungen notwendigerweise auch Knoten des Überdeckungsgraphen sind, stellt dieses Kriterium allerdings nur eine hinreichende Bedingung für die Existenz einer toten Markierung dar. Zur Erläuterung werden die im folgenden dargestellten Beispielnetze und deren Überdeckungsgraphen betrachtet.

Während der Überdeckungsgraph in Abbildung 5.13 einen Knoten ohne auslaufende Kanten enthält, der damit die tote Markierung $m_{tot}^{T} = (0, 0, 1)$ ausweist, besitzt jeder Knoten des Überdeckungsgraphen in Abbildung 5.14 mindestens eine auslaufende Kante. Trotzdem wird auch hier, und zwar nach der Schaltsequenz $\sigma_{tot} = t_2, t_1, t_3$, die gleiche tote Markierung wie im vorangegangenen Beispiel erreicht.

Zusammenfassend kann festgehalten werden, daß ein augenscheinlicher Vorteil des Überdeckungsgraphen darin besteht, im Gegensatz zum Erreichbarkeitsgraphen für jedes (auch unbeschränkte) Petri–Netz effektiv konstruierbar zu sein. Damit stellt er ein nützliches Instrument dar, um die Beschränktheit eines Petri–Netzes zu überprüfen. Leider führt jedoch der Informationsverlust hinsichtlich der erreichbaren Markierungen dazu, daß viele wichtige Eigenschaften des betrachteten Netzes, u.a. die Frage der Erreichbarkeit und der Lebendigkeit, nicht auf Grundlage des Überdeckungsgraphen entschieden werden können.

6 Algebraische Analyse

6.1 Überblick

Alternativ zu der in Kapitel 5 beschriebenen Vorgehensweise ermöglichen Methoden der linearen Algebra, Aussagen über das dynamische Verhalten eines Petri–Netzes auch direkt aus der Netzstruktur, d.h. nicht über den Umweg der Konstruktion gerichteter Graphen, abzuleiten. Grundlage dieser Analyseverfahren, die im vorliegenden Kapitel 6 behandelt werden, ist der Satz 2.1, der den Zusammenhang zwischen der Erreichbarkeit einer Markierung und der Lösbarkeit des linearen Gleichungssystems

$$N \cdot v = m - m_0 \tag{6.1}$$

ausdrückt. Die in diesem Kapitel betrachteten Gleichungssysteme zählen zur Klasse der *diophantischen Gleichungssysteme*, die ausschließlich ganzzahlige Koeffizienten besitzen und von denen auch nur die ganzzahligen Lösungen interessieren [31]. Ähnlich wie bei den graphentheoretischen Verfahren wird also auch hier die Analyse dynamischer Netzeigenschaften auf das Erreichbarkeitsproblem zurückgeführt.

Im Mittelpunkt der Betrachtung stehen die sogenannten S– und T–Invarianten. Es sind dies Lösungen spezieller, aus Gleichung (6.1) abgeleiteter Gleichungssysteme, die einen Einblick in das dynamische Verhalten des betrachteten Netzes geben. Sie zeigen Netzeigenschaften auf, die - wie der Name schon andeutet - unabhängig von bestimmten Markierungen (und damit auch unabhängig von der Anfangsmarkierung) sind und allein aus der Struktur des Netzes folgen.

Kapitel 6.2 enthält neben der Definition auch eine Interpretation der S– und der T–Invarianten, die den Zusammenhang mit bereits bekannten Netzeigenschaften wie Beschränktheit oder Lebendigkeit herstellt. Anhand eines Beispielnetzes, bei dem die Invarianten einfach zu ermitteln sind, wird deren Bedeutung im Hinblick auf die Netzanalyse erläutert.

In Kapitel 6.3 werden die Schwierigkeiten aufgegriffen, die bei der Ermittlung von Invarianten für allgemeine S/T–Netze entstehen. Zunächst erfolgt dazu eine Einführung in die Problemstellung der Lösung linearer diophantischer Gleichungssysteme. Dabei wird auch die Grundidee erläutert, die den Weg eines Lösungsverfahrens vorzeichnet und auf EUKLID (ca. 300 Jahre v.Chr.) zurückgeht. Der schließlich vorgestellte Algorithmus zur Berechnung der ganzzahligen Lösungen entspricht einem modifizierten Eliminationsverfahren nach GAUSS, in welchem die Division durch unimodulare Abbildungen ersetzt wird.

Da eine Reihe von Netzeigenschaften auf die Existenz positiver (bzw. nichtnegativer) Invarianten zurückzuführen ist, wird abschließend auch ein Verfahren zur Bestimmung der positiven Lösungen beschrieben. Die Suche nach positiven Invarianten führt zu dem Problem, Ungleichungssysteme in ganzen Zahlen zu lösen, was eine Betrachtung in mehrdimensionalen Räumen erfordert. Die Ausführungen beschränken sich hier jedoch darauf, die wesentlichen Grundgedanken des Lösungsweges zu erläutern und auf ein einfaches Beispiel anzuwenden, welches zu höchstens dreidimensionalen Räumen führt und damit anschauliche geometrische Darstellungen ermöglicht.

6.2 Definition und Bedeutung der Netzinvarianten

6.2.1 Definition der S–Invarianten

Die S–Invarianten charakterisieren bestimmte Stellenmengen in einem Petri–Netz. Diese sind festgelegt durch die

Def. 6.1 (S–Invariante):

Ein Vektor $i_S \in \mathbf{Z}^{|S|}$ heißt S–Invariante eines Petri–Netzes N, falls gilt:

$$N^T \cdot i_S = \mathbf{o} \qquad .$$

Eine Interpretation läßt sich aus der Gleichung (6.1) ableiten. Es folgt nämlich aus

$$(N \cdot v)^T = (m - m_0)^T \tag{6.2}$$

wegen der Beziehung (Transponierte eines Produkts)

$$(A \cdot B)^T = B^T \cdot A^T$$

auch der Zusammenhang

$$v^T \cdot N^T = m^T - m_0^T \qquad . \tag{6.3}$$

Rechtsseitige Multiplikation mit dem Vektor i_S ergibt

$$v^T \cdot N^T \cdot i_S = (m^T - m_0^T) \cdot i_S \qquad , \tag{6.4}$$

und wegen der Definitionsgleichung von i_S

$$N^T \cdot i_S = \mathbf{o} \tag{6.5}$$

folgt auch

$$m^T \cdot i_S = m_0^T \cdot i_S \qquad . \tag{6.6}$$

Die Gleichung (6.6) kann als Erhaltungsgleichung aufgefaßt werden. In einem Petri–Netz mit der Struktureigenschaft nach Gleichung (6.5) unterliegt demnach jeder Schaltvorgang einer durch i_S gewichteten Konstanz der Markenanzahl. In dem bei einfachen Netzen häufig auftretenden Spezialfall

$$i_S \in \{0,1\}^{|S|} \tag{6.7}$$

wird mit i_S eine Stellenmenge beschrieben, auf der die Gesamtanzahl von Marken unverändert bleibt. Das Schalten von Transitionen kann daher höchstens ein Verschieben der Marken zwischen diesen Stellen verursachen.

Die Stellen einer unmarkierten S–Invariante können somit auch nie Marken erhalten und Transitionen in deren Nachbereich infolgedessen niemals aktiviert werden. Aufgrund dieser Überlegung lassen sich aus der Kenntnis der S–Invarianten Anforderungen an die Anfangsmarkierung ableiten, da jede S–Invariante mindestens eine markierte Stelle enthalten muß.

Wenn i_S eine *positive* Invariante ist ($i_S > \mathbf{o}$), gilt wegen

$$i_S^T \cdot m = i_S^T \cdot m_0 \tag{6.8}$$

die Abschätzung für eine beliebige Stelle s_i

$$(i_{S_i}) \cdot (m_i) \leq i_S^T \cdot m_o \quad \text{mit } i = 1(1)|S| \qquad . \tag{6.9}$$

Mit der Beziehung

$$(m_i) \leq \frac{i_S^T \cdot m_0}{(i_{S_i})} = k \quad \text{für } i = 1(1)|S| \tag{6.10}$$

kann somit eine obere Schranke k für die Markenanzahl auf jeder Stelle s_i des Netzes N angegeben werden. Mit Definition 2.12 folgt daraus unmittelbar ein hinreichendes Kriterium für die Beschränktheit eines Petri–Netzes, fomuliert in dem

Satz 6.1 (Beschränktheit):

Jedes Petri–Netz N mit positiver S–Invariante ist beschränkt; d.h.

$$\exists i_S \in (\mathbf{N} \setminus \{0\})^{|S|} : N^T \cdot i_S = \mathbf{o} \quad \Rightarrow \quad N \text{ ist beschränkt.}$$

Besitzt ein Petri–Netz eine positive S–Invariante, so wird offenbar jede Stelle des Netzes durch diese erfaßt. Beschränkte Netze werden also durch positive Invarianten "überdeckt".

6.2.2 Definition der T–Invarianten

T–Invarianten charakterisieren bestimmte Transitionenmengen eines Petri–Netzes und sind nichtnegative, ganzzahlige Lösungen einer speziellen Formulierung der Gleichung (6.1). Ein Vergleich des Satzes 2.2 mit der

Def. 6.2 (T–Invariante):

Ein Vektor $i_T \in \mathbf{N}^{|T|}$ heißt T–Invariante eines Petri–Netzes N, falls gilt:

$$N \cdot i_T = o$$

zeigt, daß eine T–Invariante die Schalthäufigkeiten angibt, die zur Reproduktion der Anfangsmarkierung $(m = m_0)$ und damit auch jeder anderen Markierung erforderlich sind. Dies wird auch ausgedrückt durch den

Satz 6.2 (Reversibilität):

Jedes reversible Petri–Netz N besitzt eine nichtnegative T–Invariante; d.h.

$$N \text{ ist reversibel.} \Rightarrow \exists i_T \in \mathbf{N}^{|T|} : N \cdot i_T = o \qquad .$$

Die Existenz einer T–Invarianten ist offenbar eine notwendige Bedingung dafür, daß der Erreichbarkeitsgraph eines Netzes eine geschlossene Kantenfolge enthält. Gemäß Satz 5.4 kann aus dem Erreichbarkeitsgraphen eines lebendigen und beschränkten Petri–Netzes ein stark zusammenhängender Teilgraph abgespalten werden, der zu jeder Transition t_j des Netzes eine t_j–beschriftete Kante besitzt. Aufgrund der Zusammenhangseigenschaften enthält dieser Teilgraph daher stets eine geschlossene Kantenfolge, in der jede Transition (mindestens einmal) als Kantenanschrift auftritt. Es existieren also Markierungen, die (durch ggf. wiederholtes) Schalten *aller* Transitionen reproduziert werden können. Es gilt daher der

Satz 6.3 (Lebendigkeit):

Jedes lebendige und beschränkte Petri–Netz N besitzt eine positive T–Invariante; d.h.

$$N \text{ ist lebendig und beschränkt.} \Rightarrow \exists i_T \in (\mathbf{N} \setminus \{0\})^{|T|} : N \cdot i_T = o \quad .$$

Für jedes lebendige und beschränkte Petri–Netz existiert nach Satz 6.3 (mindestens) eine T–Invariante, welche alle Transitionen enthält und somit das Netz überdeckt.

Die in Kapitel 6.2 enthaltenen Sätze beschreiben Netzeigenschaften, die aus der Kenntnis der Invarianten abgeleitet werden können. Mit diesen Sätzen wird auch das grundsätzliche Problem einer Netzanalyse mittels linearer Algebra deutlich, da allgemeine Petri–Netze keine Formulierung notwendiger *und* hinreichender Kriterien erlauben.

6.2.3 Interpretation der Invarianten

Zur Erläuterung der Interpretation von S– und T–Invarianten diene als Beispiel das bereits bekannte Petri–Netz aus Abbildung 3.3, welches als einfaches Modell zweier Fertigungsstraßen angesehen werden kann. Die (8,6)–Netzmatrix dieses Netzes lautet:

$$\mathbf{N} = \begin{pmatrix} -1 & 0 & 1 & 0 & 0 & 0 \\ 1 & -1 & 0 & 0 & 0 & 0 \\ 0 & 1 & -1 & 0 & 0 & 0 \\ 0 & 0 & 0 & -1 & 0 & 1 \\ 0 & 0 & 0 & 1 & -1 & 0 \\ 0 & 0 & 0 & 0 & 1 & -1 \\ -1 & 1 & 0 & -1 & 1 & 0 \\ 0 & -1 & 1 & 0 & -1 & 1 \end{pmatrix} . \tag{6.11}$$

Die Bestimmungsgleichung der S–Invarianten

$$\mathbf{N}^T \cdot \mathbf{i}_S = \mathbf{N}^T \cdot \begin{pmatrix} i_{S1} \\ i_{S2} \\ \vdots \\ i_{S8} \end{pmatrix} = \mathbf{o} \tag{6.12}$$

stellt ein unterbestimmtes Gleichungssystem dar. Dieses enthält die vier linear unabhängigen Gleichungen

$$\begin{aligned} -i_{S1} + i_{S2} - i_{S7} \quad\quad &= 0 \\ -i_{S2} + i_{S3} + i_{S7} - i_{S8} &= 0 \\ -i_{S4} + i_{S5} - i_{S7} \quad\quad &= 0 \\ -i_{S5} + i_{S6} + i_{S7} - i_{S8} &= 0 \end{aligned} \tag{6.13}$$

und läßt damit die Wahl von vier freien Parametern $\lambda_I, \cdots, \lambda_{IV}$ zu. Ausgehend vom Gleichungssystem (6.13) kann die ganzzahlige Lösung

$$\mathbf{i}_S = \lambda_I \cdot \mathbf{i}_{SI} + \lambda_{II} \cdot \mathbf{i}_{SII} + \lambda_{III} \cdot \mathbf{i}_{SIII} + \lambda_{IV} \cdot \mathbf{i}_{SIV} \tag{6.14}$$

$$= \lambda_I \cdot \begin{pmatrix} 1 \\ 1 \\ 1 \\ 0 \\ 0 \\ 0 \\ 0 \\ 0 \end{pmatrix} + \lambda_{II} \cdot \begin{pmatrix} 0 \\ 0 \\ 0 \\ 1 \\ 1 \\ 1 \\ 0 \\ 0 \end{pmatrix} + \lambda_{III} \cdot \begin{pmatrix} 0 \\ 0 \\ 0 \\ 0 \\ 1 \\ 0 \\ 0 \\ 1 \end{pmatrix} + \lambda_{IV} \cdot \begin{pmatrix} 0 \\ 0 \\ 1 \\ 0 \\ 0 \\ 0 \\ 1 \\ 0 \end{pmatrix} \quad \text{mit } \lambda_I, \cdots, \lambda_{IV} \in \mathbf{Z}$$

in wenigen Schritten ermittelt werden. Die Gleichung (6.14) zeigt, daß das betrachtete Petri–Netz unendlich viele S–Invarianten besitzt, die aus der Überlagerung der vier Invarianten

$$\begin{aligned}
I_{SI} &= \{s_1, s_2, s_3\} \\
I_{SII} &= \{s_4, s_5, s_6\} \\
I_{SIII} &= \{s_2, s_5, s_7\} \\
I_{SIV} &= \{s_3, s_6, s_8\}
\end{aligned} \qquad (6.15)$$

hervorgehen. Nach geeigneter Wahl der freien Parameter (z.B. $\lambda_I, \cdots, \lambda_{IV} = 1$) wird deutlich, daß mit dieser Überlagerung auch positive S-Invarianten erzeugt werden können. Nach Satz 6.1 folgt damit die Beschränktheit des betrachteten Petri–Netzes.

Auf ähnliche Weise können die T–Invarianten ermittelt weren. Die Bestimmungsgleichung

$$\boldsymbol{N} \cdot \boldsymbol{i}_T = \boldsymbol{N} \cdot \begin{pmatrix} i_{T1} \\ i_{T2} \\ \vdots \\ i_{T6} \end{pmatrix} = \boldsymbol{o} \quad , \qquad (6.16)$$

bzw. die darin enthaltenen vier linear unabhängigen Gleichungen

$$\begin{aligned}
-i_{T1} + i_{T3} &= 0 \\
+i_{T1} - i_{T2} &= 0 \\
-i_{T4} + i_{T6} &= 0 \\
+i_{T4} - i_{T5} &= 0
\end{aligned} \qquad (6.17)$$

führen zu der nichtnegativen ganzzahligen Lösung

$$\boldsymbol{i}_T = \lambda_I \cdot \boldsymbol{i}_{TI} + \lambda_{II} \cdot \boldsymbol{i}_{TII} = \lambda_I \cdot \begin{pmatrix} 1 \\ 1 \\ 1 \\ 0 \\ 0 \\ 0 \end{pmatrix} + \lambda_{II} \cdot \begin{pmatrix} 0 \\ 0 \\ 0 \\ 1 \\ 1 \\ 1 \end{pmatrix} \quad \text{mit } \lambda_I, \lambda_{II} \in \mathbb{N} \qquad . \ (6.18)$$

Die Lösung entspricht einer Überlagerung der T–Invarianten

$$\begin{aligned}
I_{TI} &= \{t_1, t_2, t_3\} \\
I_{TII} &= \{t_4, t_5, t_6\}
\end{aligned} \qquad . \qquad (6.19)$$

Offenbar besitzt das Netz (z.B. für $\lambda_I, \lambda_{II} = 1$) auch positive T–Invarianten und erfüllt damit nach Satz 6.2 eine Voraussetzung für dessen Reversibilität und nach Satz 6.3 eine Voraussetzung für dessen Lebendigkeit.

Eine weitergehende Interpretation der S– und T–Invarianten ist möglich, wenn diese - wie in Abbildung 6.1 geschehen - in das Petri–Netz übertragen werden.

Die eingetragenen S–Invarianten kennzeichnen bekanntlich Netzbereiche, in denen die Markenanzahl konstant bleibt. Bei der vorliegenden Anfangsmarkierung besitzt daher jede S–Invariante stets genau eine Marke, die durch Schaltvorgänge innerhalb dieser Stellenmenge verschoben wird.

Offensichtlich werden durch S–Invarianten vergleichbare Objekte des modellierten Systems zusammengefaßt, da Stellenmengen aufgezeigt werden, innerhalb derer Marken verschoben werden. Ein Vergleich der S–Invarianten mit dem System, welches das Petri–Netz abbildet, läßt

- in den S–Invarianten I_{SI} und I_{SII} den Durchlauf der Werkstücke auf den Fertigungsstraßen und

- in den S–Invarianten I_{SIII} und I_{SIV} den Einsatz der Handhabungsgeräte an beiden Fertigungsstraßen

erkennen. In diesen Eigenschaften spiegelt sich die verbale Beschreibung des Prozesses aus Kapitel 3.2 wider.

Durch T–Invarianten werden Schaltsequenzen in einem Netz beschrieben, die Markierungen reproduzieren. Ein Petri–Netz kann daher - wie ebenfalls in Abbildung 6.1 dargestellt - aufgrund seiner T–Invarianten in reversible Teilnetze zerlegt werden, die als kleinste, eigenständig zu untersuchende Funktionseinheiten angesehen werden können. Diese Teilnetze enthalten neben den Transitionen der entsprechenden T–Invarianten auch diejenigen Stellen, die zum Vor– und Nachbereich dieser Transitionsmenge gehören. Im vorliegenden Fall verkörpern die T–Invarianten I_{TI} und I_{TII} die getrennten Fertigungsprozesse der jeweiligen Werkstücke.

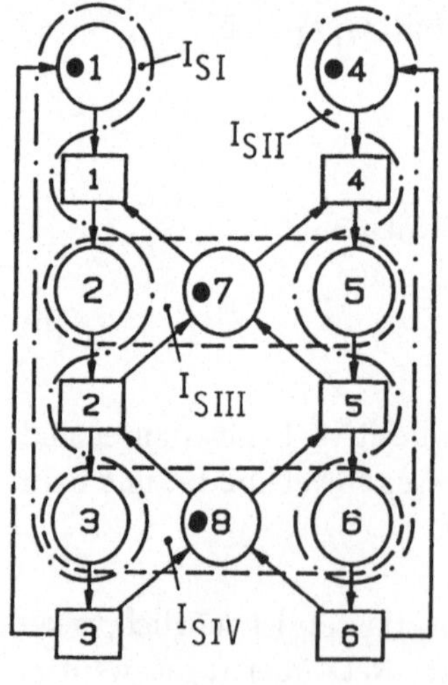

a) S–Invarianten

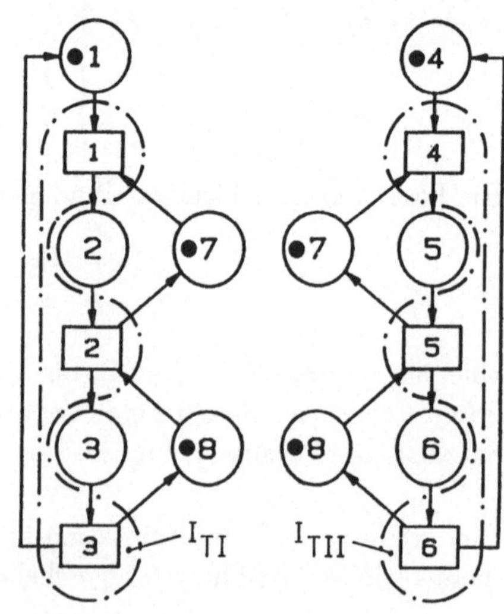

b) T–Invarianten

Abb. 6.1: Interpretation der Invarianten im Petri–Netz

6.3 Ermittlung der Netzinvarianten

6.3.1 Einführung in das mathematische Problem

Bei der Ermittlung der Invarianten wurden in Kapitel 6.2.3 direkt die ganzzahligen Lösungen gefunden. Dieses stellt jedoch nur einen Spezialfall dar, da in dem betrachteten Gleichungssystem alle von Null verschiedene Koeffizienten den Betrag eins besitzen und damit eine Lösung ohne Division möglich ist. In dem allgemeinen Fall, d.h. wenn auch andere Koeffizienten auftreten, stellt die Ganzzahligkeit der Lösungen eine entscheidende Forderung an das Lösungsverfahren, die von konventionellen Verfahren wie z.B. der Elimination nach Gauß nicht erfüllt werden.

Zur Erläuterung dieser Aussage werde das unterbestimmte (1,2)-Gleichungssystem

$$3x_1 - 2x_2 = -5 \qquad (6.20)$$

betrachtet. Das Gauß–Eliminationsverfahren würde zur Lösung die Division durch den Koeffizienten von x_1 vorsehen,

$$x_1 - \frac{2}{3}x_2 = -\frac{5}{3} \qquad , \qquad (6.21)$$

und nach der Wahl des freien Parameters τ zu der Lösung

$$\begin{pmatrix} x_1 \\ x_2 \end{pmatrix} = \begin{pmatrix} -5/3 \\ 0 \end{pmatrix} + \tau \cdot \begin{pmatrix} 2/3 \\ 1 \end{pmatrix} \qquad (6.22)$$

gelangen. Für $\tau \in \mathbf{Z}$ beschrieben die Koordinatentupel nach Gleichung (6.22) eine Punktmenge in der (x_1, x_2)-Ebene, die - wie in Abbildung 6.2 dargestellt - auf einer Geraden liegen. Offensichtlich sind jedoch auch für ganzzahlige τ die ermittelten Lösungen im allgemeinen *rational*, so daß aus Gleichung (6.22) nicht die gesuchte *ganzzahlige* Lösungsgesamtheit abgelesen werden kann. Damit wird deutlich, daß das angewendete Lösungsverfahren einer Modifikation bedarf. Das Ziel dieser Modifikation besteht darin, die Division durch eine Operation zu ersetzen, die ebenfalls einen Koeffizienten einer diophantischen Gleichung auf den Wert eins bringt, ohne dabei jedoch die Ganzzahligkeit der übrigen Koeffizienten zu verletzen.

Die Lösbarkeit einer diophantischen Gleichung hängt unmittelbar von den Teilereigenschaften ihrer Koeffizienten ab. Wird nämlich in einer diophantischen Gleichung

$$a_1 x_1 + a_2 x_2 = b \qquad \text{mit } a_1, a_2, b \in \mathbf{Z} \qquad (6.23)$$

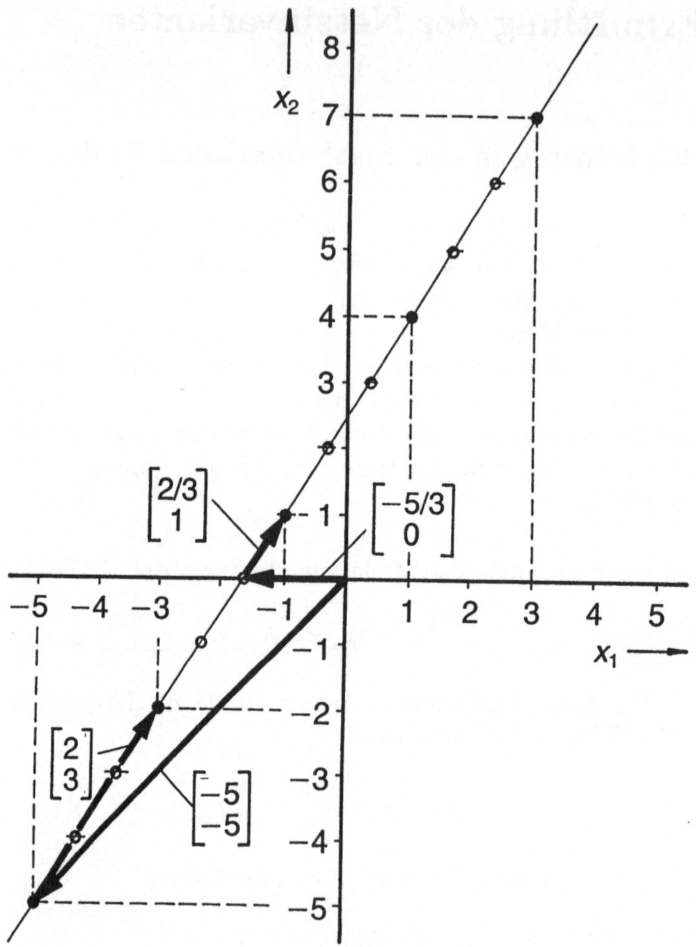

Abb. 6.2: Punktmenge nach Gleichung (6.22) für $\tau \in \mathbf{Z}$ ($\bullet$: ganzzahlige Lösungen)

der größte gemeinsame Teiler der Koeffizienten a_1, a_2 ($ggt(a_1, a_2)$) ausgeklammert, so ergibt dies mit

$$
\begin{aligned}
a_1 &= ggt(a_1, a_2) \cdot a_1' \\
a_2 &= ggt(a_1, a_2) \cdot a_2'
\end{aligned}
\tag{6.24}
$$

die zu Gleichung (6.23) äquivalente Beziehung

$$
ggt(a_1, a_2) \cdot (a_1' x_1 + a_2' x_2) = b \quad \text{mit } a_1', a_2' \in \mathbf{Z} \quad .
\tag{6.25}
$$

Die *linke Seite* von Gleichung (6.25) und damit die der Gleichung (6.23) ist daher - unabhängig von x_1, x_2 - stets durch den größten gemeinsamen Teiler der Koeffizienten a_1, a_2 teilbar. Somit können höchstens dann ganzzahlige Lösungen x_1, x_2 existieren, wenn auch die *rechte* Seite, d.h. die Konstante b, diese Teilereigenschaft besitzt. Es kann nun gezeigt werden (vgl. [7], [26]), daß diese notwendige Lösbarkeitsbedingung auch hinreicht. Es gilt also der

Satz 6.4 (Lösbarkeit einer diophantischen Gleichung):

Eine diophantische Gleichung $a_1 x_1 + a_2 x_2 = b$ mit $a_1, a_2, b \in \mathbf{Z}$ ist in ganzen Zahlen x_1, x_2 lösbar. $\Leftrightarrow$

b ist durch $ggt(a_1, a_2)$ teilbar, d.h. $b/ggt(a_1, a_2) \in \mathbf{Z}$.

Zur Ermittlung des größten gemeinsamen Teilers zweier ganzer Zahlen a_1, a_2 eignet sich der Algorithmus nach Euklid (s.u.a. [22]), der die Beziehung

$$ggt(a_1, a_2) = ggt(mod(a_1, a_2), a_2) \quad \text{mit } a_2 \neq 0 \qquad (6.26)$$

nutzt. Gleichung (6.26) kann mit der Definition der Modulo–Funktion

$$mod(a_1, a_2) = a_1 - a_2 \cdot \lfloor a_1/a_2 \rfloor \qquad (6.27)$$

verifiziert werde. Sie drückt aus, daß alle gemeinsamen Teiler zweier ganzer Zahlen (und nur diese) auch in dem ganzzahligen Rest der Division dieser Zahlen enthalten sind. Ferner gilt

$$|mod(a_1, a_2)| < |a_2| \quad \text{für } |a_1| \geq |a_2| \quad , \qquad (6.28)$$

so daß mit der Modulo–Funktion ein Weg aufgezeigt wird, die Koeffizienten einer diophantischen Gleichung betragsmäßig zu verkleinern, ohne deren gemeinsame Teilereigenschaften zu verändern. Mit Gleichung (6.26) folgt nämlich, daß die Lösbarkeitsbedingung aus Satz 6.4 genau dann erfüllt ist, wenn die Gleichung

$$mod(a_1, a_2) \cdot x_1' + a_2 \cdot x_2' = b \qquad (6.29)$$

in ganzen Zahlen x_1', x_2' lösbar ist. Man erkennt aus dem Vergleich der Gleichungen (6.23) und (6.29) die Zuordnung

$$\begin{aligned} x_1 &= x_1' \\ x_2 &= x_2' - \lfloor a_1/a_2 \rfloor \cdot x_1' \end{aligned} \qquad , \qquad (6.30)$$

die als eine umkehrbar eindeutige Transformationsvorschrift angesehen werden kann.

Wird diese Transformationsvorschrift auf das eingangs betrachtete (1,2)-Gleichungssystem angewendet, so ergibt dies nach Einsetzen von

$$\begin{aligned} x_1 &= x_1' \\ x_2 &= x_2' - \lfloor 3/-2 \rfloor \cdot x_1' = x_2' + x_1' \end{aligned} \qquad (6.31)$$

in Gleichung (6.20) die transformierte Beziehung

$$x_1' - 2x_2' = -5 \quad . \qquad (6.32)$$

In dieser Gleichung hat der Koeffizient von x_1' bereits den Wert eins, so daß nach Wahl des freien Parameters ξ deren Lösung

$$x_1' = 2\xi - 5$$
$$x_2' = \xi \tag{6.33}$$

sofort angegeben werden kann. Rücktransformation gemäß Gleichung (6.31) führt zu

$$\begin{pmatrix} x_1 \\ x_2 \end{pmatrix} = \begin{pmatrix} -5 \\ -5 \end{pmatrix} + \xi \cdot \begin{pmatrix} 2 \\ 3 \end{pmatrix} \quad \text{mit } \xi \in \mathbf{Z} \quad , \tag{6.34}$$

womit die gesuchte ganzzahlige Lösungsgesamtheit von Gleichung (6.20) gefunden ist. Im Gegensatz zu der mit Hilfe der Division ermittelten Lösung in Gleichung (6.22) beschreibt Gleichung (6.34) genau diejenigen Punkte in Abbildung 6.2, die - wie dort angedeutet - ganzzahlige x_1- und x_2-Koordinaten besitzen.

6.3.2 Algorithmus zur Berechnung ganzer Lösungen

Aufbauend auf der im letzten Abschnitt erläuterten Grundidee eines Lösungsverfahrens diophantischer Gleichungen soll nun ein Algorithmus entwickelt werden, der auch die Lösung diophantischer Gleichungssysteme ermöglicht. Dazu wird zunächst kurz das Gauß–Elimintationsverfahren beschrieben, um anschließend die daran notwendigen Modifikationen aufzuzeigen.

Die zu untersuchenden Gleichungssysteme bestehen aus m linearen Gleichungen mit n Unbekannten und haben die Form

$$A \cdot x = b \quad , \tag{6.35}$$

ausführlicher geschrieben als

$$\sum_{j=1}^{n} a_{ij} x_j = b_j \quad \text{für } i = 1(1)m \quad , \tag{6.36}$$

oder noch ausführlicher als

$$\begin{array}{ccccccccccc}
a_{11}x_1 & + & a_{12}x_2 & + & a_{13}x_3 & + & \dots & + & a_{1n}x_n & = & b_1 \\
a_{21}x_1 & + & a_{22}x_2 & + & a_{23}x_3 & + & \dots & + & a_{2n}x_n & = & b_2 \\
\vdots & & \vdots & & \vdots & & & & \vdots & & \vdots \\
a_{m1}x_1 & + & a_{m2}x_2 & + & a_{m3}x_3 & + & \dots & + & a_{mn}x_n & = & b_m
\end{array} \quad . \tag{6.37}$$

Die darin enthaltenen Koeffizienten a_{ij} und die Konstanten b_j sind ganze Zahlen:

$$a_{ij} \in \mathbf{Z} \quad , b_j \in \mathbf{Z} \quad \text{für } i = 1(1)m, \quad j = 1(1)n \quad .$$

Ein (m,n)–Gleichungssystem ist grundsätzlich nur dann lösbar, wenn der Rang (die Zahl der linear unabhängigen Zeilen bzw. Spalten) der Koeffizientenmatrix A gleich dem Rang der um die Konstanten erweiterten Matrix (A, b) ist:

$$Rg(\boldsymbol{A}) = Rg(\boldsymbol{A}, \boldsymbol{b}) \qquad . \tag{6.38}$$

Im folgenden kann daher ohne Einschränkung der Allgemeinheit

$$m = Rg(\boldsymbol{A}) \leq n \tag{6.39}$$

angenommen werden, d.h. das Gleichungssystem sei bereits bis auf die linear unabhängigen Gleichungen reduziert.

Die Gleichung (6.38) stellt eine notwendige und hinreichende Bedingung für die Lösbarkeit eines Gleichungssystems (6.37) dar, falls die Koeffizienten, Konstanten und Lösungen Elemente eines Körpers sind [24]. Im Gegensatz zu der Menge der rationalen, reellen oder komplexen Zahlen besitzt die Menge der ganzen Zahlen diese Eigenschaft (wegen des fehlenden reziproken Elements) jedoch nicht, sondern ist lediglich echte Teilmenge eines Körpers. Somit ist die Bedingung nach Gleichung (6.38) für diophantische Gleichungssysteme nur notwendig, was auch angesichts der zusätzlichen Forderungen des Satzes 6.4 einleuchtet.

Zur Lösung eines Gleichungssystems (6.37) würde das Gauß–Verfahren die Division der ersten Zeile durch den Koeffizienten a_{11} vorsehen, so daß

$$x_{11} = -\frac{a_{12}}{a_{11}}x_2 - \frac{a_{13}}{a_{11}}x_3 - \cdots - \frac{a_{1n}}{a_{11}}x_n + \frac{b_1}{a_{11}} \tag{6.40}$$

in den übrigen Gleichungen zu eliminieren ist [5]. Das Gleichungssystem erhält damit die Gestalt

$$
\begin{array}{ccccccccc}
x_1 + & a'_{12}x_2 & + & a'_{13}x_3 & + & \cdots & + & a'_{1n}x_n & = & b'_1 \\
& a'_{22}x_2 & + & a'_{23}x_3 & + & \cdots & + & a'_{2n}x_n & = & b'_2 \\
& \vdots & & \vdots & & & & \vdots & & \vdots \\
& a'_{m2}x_2 & + & a_{m3}x_3 & + & \cdots & + & a'_{mn}x_n & + & b'_n
\end{array} \tag{6.41}
$$

und kann durch wiederholte Anwendung auf das jeweils reduzierte Gleichungssystem in die gestaffelte Form

$$
\begin{array}{ccccccccccc}
x_1 + & a'_{12}x_2 & + & a'_{13}x_3 & + \cdots + & a'_{1m}x_m & + \cdots + & a'_{1n}x_n & = & b'_1 \\
& x_2 & + & a''_{23}x_3 & + \cdots + & a''_{2m}x_m & + \cdots + & a''_{2n}x_n & = & b''_2 \\
& \ddots & & & & \vdots & & \vdots & & \vdots \\
& & & & & x_m & + \cdots + & a^{(m)}_{mn}x_n & = & b^{(m)}_m
\end{array} \tag{6.42}
$$

überführt werden. Nach Wahl der $n-m$ Freiwerte für die unabhängigen Unbekannten $x_{m+1}, \ldots, x_n$ ergeben sich hieraus die abhängigen Größen $x_1, \ldots, x_m$. Die Koeffizienten und Konstanten des Gleichungssystems (6.42) sind jedoch im allgemeinen rational, so daß auch für ganzzahlige Freiwerte die Lösung nicht notwendigerweise ganzzahlig ist.

Es verbleibt darzulegen, wie ein gegebenes Gleichungssystem (6.37) in die Form (6.41) überführt werden kann, ohne dabei Divisionen vorzunehmen. Hierzu ist einer der betragskleinsten, von Null verschiedenen Koeffizienten des zu lösenden Gleichungssystems aufzusuchen. Angenommen, dieser Koeffizient erscheint in der k-ten Zeile und l-ten Spalte des Gleichungssystems

$$
\begin{array}{ccccccc}
a_{11}x_1 & + & \cdots\cdots\cdots\cdots & + & a_{1n}x_n & = & b_1 \\
\vdots & & & & \vdots & & \vdots \\
a_{k1}x_1 & + & \cdots + a_{kl}x_l + \cdots & + & a_{kn}x_n & = & b_k \\
\vdots & & & & \vdots & & \vdots \\
a_{m1}x_1 & + & \cdots\cdots\cdots\cdots & + & a_{mn}x_n & = & b_m
\end{array}
\qquad , \qquad (6.43)
$$

so daß gilt:

$$
|a_{kl}| = min\{|a_{ij}|, \quad i = 1(1)m, \quad j = 1(1)n\} \qquad . \qquad (6.44)
$$

Algorithmus:

1. Zunächst ist für die k-te Gleichung die Lösbarkeitsbedingung nach Satz 6.4 zu überprüfen, d.h. ob

$$
b_k/ggt(a_{k1}, \ldots, a_{kl}, \ldots, a_{kn}) \in \mathbf{Z} \qquad (6.45)
$$

gilt. Ist dies nicht der Fall, so ist das Gleichungssystem nicht ganzzahlig lösbar und das Verfahren kann abgebrochen werden. Wenn der größte gemeinsame Teiler der Koeffizienten vom Betrag eins verschieden ist, so ist die Gleichung durch diesen zu kürzen.

2. Ist $|a_{kl}| = 1$ (ggf. nach Kürzen), so kann die Unbekannte x_l aus den übrigen Gleichungen eliminiert werden, so daß nach Umordnen der Gleichungen und Umbenennen der Unbekannten sich direkt die angestrebte Form (6.41) ergibt.

3. Ist $|a_{kl}| \neq 1$ (auch nach evtl. Kürzen), so führt die Abbildung

$$
\boldsymbol{x} = \boldsymbol{F} \cdot \boldsymbol{x}' \qquad (6.46)
$$

mit der quadratischen (n,n)-Transformationsmatrix

$$
\boldsymbol{F} = \begin{pmatrix}
1 & & & & & & 0 \\
& 1 & & & & & \\
& & 1 & & & & \\
-\left\lfloor \frac{a_{k1}}{a_{kl}} \right\rfloor & -\left\lfloor \frac{a_{k2}}{a_{kl}} \right\rfloor & \cdots & 1 & \cdots & -\left\lfloor \frac{a_{kn}}{a_{kl}} \right\rfloor \\
& & & & 1 & & \\
0 & & & & & & 1
\end{pmatrix} \qquad , \qquad (6.47)
$$

in der außer der Hauptdiagonalen nur die k–te Zeile von Null verschieden ist (vgl. Gleichung (6.30)), zu dem Gleichungssystem

$$
\begin{array}{ccccccccc}
\alpha_{11}x_1' & + & \cdots & + & a_{1l}x_l' & + & \cdots & + & \alpha_{1n}x_n' & = & b_1 \\
\vdots & & & & & & & & \vdots & & \vdots \\
\alpha_{k1}x_1' & + & \cdots & + & a_{kl}x_l' & + & \cdots & + & \alpha_{kn}x_n' & = & b_k \\
\vdots & & & & & & & & \vdots & & \vdots \\
\alpha_{m1}x_1' & + & \cdots & + & a_{ml}x_l' & + & \cdots & + & \alpha_{mn}x_n' & = & b_m
\end{array}
\tag{6.48}
$$

Die Abbildung ist umkehrbar eindeutig, da die Transformationsmatrix $\boldsymbol{F}$ FROBENIUS–Gestalt besitzt und somit stets regulär ist [41]. Es gilt ferner

$$
det(\boldsymbol{F}) = 1
\tag{6.49}
$$

unabhängig von den Werten der Koeffizienten, so daß mit $\boldsymbol{F}$ unimodulare Abbildungen ausgeführt werden. Diese Eigenschaft ist unverzichtbar, da nur sie sicherstellt, daß jeder ganzzahligen Lösung des Ausgangssystems (6.43) genau eine ganzzahlige Lösung des transformierten Systems (6.48) zugeordnet wird.

Wie aus dem Gleichungssystem (6.48) hervorgeht, werden mit der Transformation ausschließlich Koeffizienten außerhalb der l–ten Spalte verändert; speziell für die k–te Zeile ergeben sich diese zu

$$
\alpha_{kj} = a_{kj} - a_{kl} \cdot \left\lfloor \frac{a_{kj}}{a_{kl}} \right\rfloor = mod(a_{kj}, a_{kl})
\tag{6.50}
$$

Wegen $|a_{kj}| \geq |a_{kl}|$ und Gleichung (6.28) gilt daher auch die Abschätzung

$$
|\alpha_{kj}| < |a_{kl}| \quad \text{für } j = 1(1)n
\tag{6.51}
$$

Die Transformation führt also zu einem Gleichungssystem, dessen betragskleinster, von Null verschiedener Koeffizient kleiner als der bisherige Koeffizient mit dieser Eigenschaft ist. Nach ggf. wiederholter Transformation kann auf diese Weise ein Koeffizient auf den Wert eins gebracht werden, so daß das Gleichungssystem in die Form

$$
\begin{array}{ccccccccc}
x_1' & + & a_{12}'x_2' & + & a_{13}'x_3' & + & \cdots & + & a_{1n}'x_n' & = & b_1' \\
& & a_{22}'x_2' & + & a_{23}'x_3' & + & \cdots & + & a_{2n}'x_n' & = & b_2' \\
& & \vdots & & \vdots & & & & \vdots & & \vdots \\
& & a_{m2}'x_2' & + & a_{m3}'x_3' & + & \cdots & + & a_{mn}'x_n' & = & b_n'
\end{array}
\tag{6.52}
$$

überführt werden kann.

Ende des Algorithmus

Nach wiederholter Anwendung der Schritte 1 bis 3 auf das jeweils reduzierte Gleichungssystem ergibt sich schließlich auch hier eine gestaffelte Form

$$
\begin{aligned}
x_1' + a_{12}'x_2' + a_{13}'x_3' + \cdots + a_{1m}'x_m' + \cdots + a_{1n}'x_n' &= b_1' \quad , \\
x_2'' + a_{23}''x_3'' + \cdots + a_{2m}''x_m'' + \cdots + a_{2n}''x_n'' &= b_2'' \\
&\;\;\vdots \\
x_m^{(m)} + \cdots + a_{mn}^{(m)}x_n^{(m)} &= b_m^{(m)}
\end{aligned}
$$

$$(6.53)$$

aus der sich durch Rückwärtseinsetzen unter Verwendung der Transformationsbeziehungen

$$\boldsymbol{x}^{(i-1)} = \boldsymbol{F}_i \cdot \boldsymbol{x}^{(i)} \quad \text{für } i = 1(1)m \tag{6.54}$$

alle ganzzahligen Lösungen berechnen lassen.

Das vorgestellte Verfahren zur Konstruktion der allgemeinen ganzzahligen Auflösung eines diophantischen Gleichungssystems beantwortet von selbst die Lösbarkeitsfrage während seiner Durchführung.

6.3.3 Verfahren zur Ermittlung positiver Lösungen

Eine mit dem zuvor beschriebenen Algorithmus berechnete ganzzahlige Lösungsgesamtheit läßt sich vektoriell in der Form

$$\boldsymbol{x} = \boldsymbol{x}_0 + \lambda_I \boldsymbol{x}_I + \lambda_{II}\boldsymbol{x}_{II} + \ldots + \lambda_{n-m}\boldsymbol{x}_{n-m} \quad \text{für } \lambda_I, \lambda_{II}, \ldots, \lambda_{n-m} \in \mathbf{Z} \tag{6.55}$$

darstellen. Die Lösungsgesamtheit ist somit als Punktmenge im n-dimensionalen Raum zu interpretieren, die ausgehend vom Zielpunkt des Vektors $\boldsymbol{x}_0$ durch Linearkombination der Basisvektoren $\boldsymbol{x}_I, \boldsymbol{x}_{II}, \ldots, \boldsymbol{x}_{n-m}$ definiert wird. Bedingt durch die Forderung nach Ganzzahligkeit entspricht jedoch nicht jeder Punkt der durch die Basisvektoren aufgespannten Hyperebene einer Lösung, sondern nur die Gitterpunkte eines Rasters, welches in dieser Ebene liegt.

Zur Netzanalyse mit Hilfe von Invarianten ergibt sich neben der Berechnung der ganzzahligen Lösungen auch die Notwendigkeit, die positiven (bzw. nichtnegativen) Lösungen eines diophantischen Gleichungssystems zu bestimmen. Diese sind jedoch aus einer Darstellung der gemischt–ganzzahligen Lösungen im allgemeinen nicht einfach zu entnehmen. Es wird daher ein Verfahren benötigt, mit dem diejenigen Werte (–bereiche) der freien Parameter $\lambda_I, \lambda_{II}, \ldots, \lambda_{n-m}$ ermittelt werden können, die zu ausschließlich positiven (bzw. nichtnegativen) Komponenten des Lösungsvektors $\boldsymbol{x}$ führen. Mit diesen Paramterwerten würden dann genau die Rasterpunkte der Hyperebene beschrieben, die im ersten "Quadranten" des n–dimensionalen Raumes liegen.

Die folgenden Ausführungen geben die Grundgedanken eines Verfahrens zur Ermittlung der positiven (bzw. nichtnegativen) Lösungen wieder. Sie werden durch ein dreidimensionales Beispiel begleitet, so daß geometrische Interpretationen die

Anschauung unterstützen können. Als Beispiel diene die gemischt–ganzzahlige Lösungsgesamtheit

$$\begin{pmatrix} x_1 \\ x_2 \\ x_3 \end{pmatrix} = \begin{pmatrix} 0 \\ 0 \\ 0 \end{pmatrix} = \lambda_I \cdot \begin{pmatrix} 3 \\ 2 \\ -1 \end{pmatrix} = \lambda_{II} \cdot \begin{pmatrix} 1 \\ 2 \\ -2 \end{pmatrix} \quad , \qquad (6.56)$$

wobei offenbar $m = 1$ und $n = 3$ ist. Die Gleichung (6.56) beschreibt Gitterpunkte einer Ebene im (x_1, x_2, x_3)–Raum, die - wie in Abbildung 6.3 dargestellt - von den Basisvektoren $\boldsymbol{x}_I, \boldsymbol{x}_{II}$ aufgespannt wird.

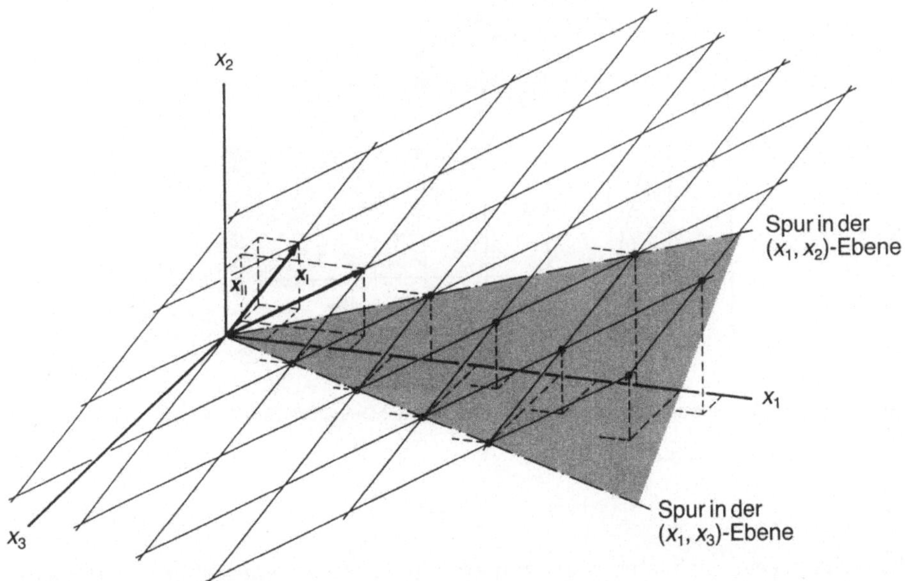

Abb. 6.3: Lösungsgesamtheit nach Gleichung (6.56) (•: positive, •o: nichtnegative Lösungen)

Gesucht werden nun positive Lösungen, d.h. die Wertebereiche für λ_I, λ_{II}, so daß

$$\boldsymbol{x} > \boldsymbol{o} \qquad\qquad\qquad (6.57)$$

ist. Mit Gleichung (6.56) läßt sich diese Forderung auch durch das Ungleichungssystem

$$\begin{aligned} 3\lambda_I + \lambda_{II} &> 0 &\Leftrightarrow&& \lambda_{II} &> -3\lambda_I \\ 2\lambda_I + 2\lambda_{II} &> 0 &\Leftrightarrow&& \lambda_{II} &> -\lambda_I \\ -\lambda_I - 2\lambda_{II} &> 0 &\Leftrightarrow&& \lambda_{II} &< -\tfrac{1}{2}\lambda_I \end{aligned} \qquad (6.58)$$

ausdrücken, wobei die ehemals freien Parameter λ_I, λ_{II} hier als abhängige Variable auftreten. Jede der Ungleichungen (6.58) beschreibt nun jeweils eine Teil des $(n - m)$–dimensionalen $(\lambda_I, \lambda_{II})$–Raumes, welches in Abbildung 6.4 dargestellt ist.

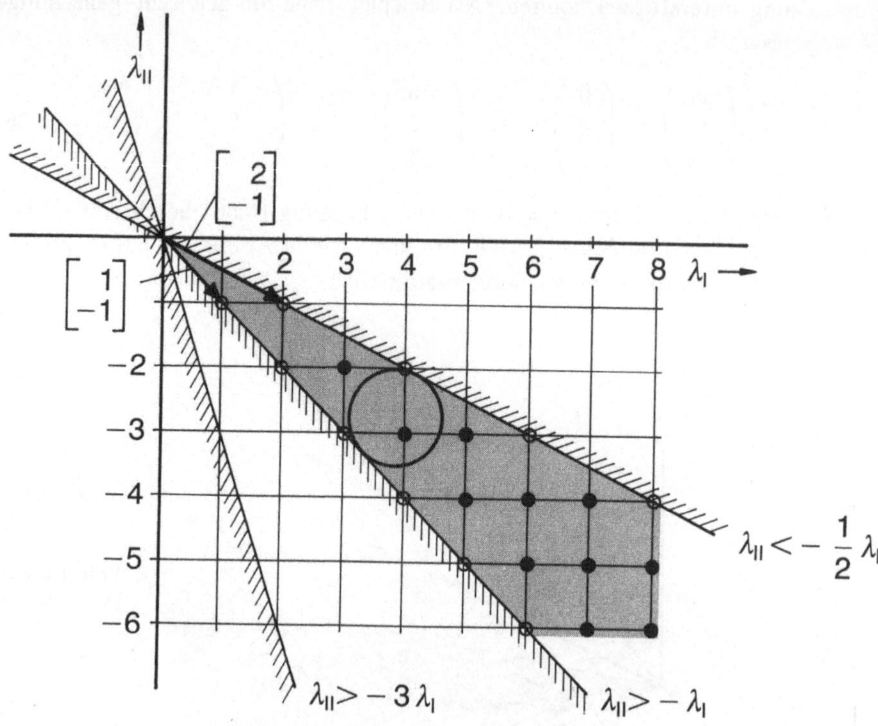

Abb. 6.4: Parameterwerte für positive (•) bzw. für nichtnegative (•∘) Lösungen der Gleichung (6.56)

Die dort gekennzeichneten Rasterpunkte repräsentieren ganzzahlige Wertepaare $(\lambda_I, \lambda_{II})$, die *alle* Bedingungen erfüllen und damit nach Einsetzen in Gleichung (6.56) zu positiven bzw. (für $x \geq o$) zu nichtnegativen Lösungen x führen (man beachte die Korrespondenz zwischen den Abbildungen 6.3 und 6.4). Es wird deutlich, daß die Forderung nach positiven (bzw. nichtnegativen) Lösungen x im allgemeinen Fall einen mehrkantigen Hyperkegel im $(n-m)$-dimensionalen $(\lambda_I, \lambda_{II})$-Raum definiert, in dessen Inneren zulässige Wertetupel der freien Parameter zu finden sind.

Wird das hier skizzierte Verfahren eingesetzt, um lediglich die *Existenzfrage* einer positiven Lösung zu beantworten und diese Lösung anzugeben (z.B. beim Beschränktheitsnachweis), so entspricht dies der Aufgabe, nach (mindestens) einem Rasterpunkt im Innern des Kegels zu suchen. In Hinblick auf möglichst kleine Lösungsvektoren x sollten bei dieser Suche die Rasterpunkte in der Nähe der Kegelspitze bevorzugt werden. Anders als in der geometrischen Darstellung in Abbildung 6.4 läßt sich das "optimale" Wertetupel nach einer Umsetzung des Lösungsverfahrens in ein Digitalrechnerprogramm jedoch nicht sofort ablesen, so daß eine Suchstrategie erforderlich wird.

Nahe liegt die Begrenzung des zu untersuchenden Raumes durch die Einführung einer oberen Schranke λ_{max} für den Betrag der Parameterwerte $\lambda_I, \lambda_{II}, \ldots, \lambda_{n-m}$. Es ist dann zu überprüfen, welche der Rasterpunkte, die dieser Beschränkung genügen, im Innern des Kegels und vielleicht sogar in der Nähe der Kegelspitze liegen. Die obere Schranke kann dabei nicht beliebig klein gewählt werden, da sicherzustellen ist, daß mindestens ein Rasterpunkt im Kegel damit eingeschlossen wird. Für mehrdimensionale Probleme kann daher die Zahl der zu überprüfenden Rasterpunkte jedoch sehr groß werden. Dieses Problem wird umgangen, wenn der zu untersuchende Raum durch eine $(n-m)$-dimensionale Hyperkugel mit dem Durchmesser

$$D = \sqrt{n-m} \qquad (6.59)$$

begrenzt wird. Dieser Durchmesser entspricht dem maximalen Abstand benachbarter Rasterpunkte, weshalb die Kugel mindestens eine Lösung enthält. Nach Ermittlung der Zentralachse kann diese Kugel so plaziert werden, als sei sie in den Kegel "hineingefallen". Wie auch aus Abbildung 6.4 hervorgeht, werden dann innerhalb der Kugel relativ kleine, jedoch nicht notwendigerweise die kleinste Lösung gefunden. Hier können Nachiterationen mit verkleinerten Kugeln helfen.

Die eben beschriebene Vorgehensweise, die auf die Ermittlung mindestens einer Lösung zielte, erlaubt nicht die Angabe einer vollständigen positiven (bzw. nichtnegativen) *Lösungsgesamtheit*. Dies kann jedoch erforderlich werden, wenn z.B. alle linear unabhängigen T-Invarianten eines Petri–Netzes zu berechnen sind. Folgerichtig ist dann anstelle der Suche *eines* Rasterpunktes eine Beschreibungsform aufzustellen, die *alle* zulässigen Rasterpunkte (und nur diese) enthält. Dieses ist vorteilhaft in einer vektoriellen Schreibweise möglich. Aus Abbildung 6.4 ist zu entnehmen, daß sich die Rasterpunkte im Inneren des Kegels durch die Linearkombination

$$\begin{pmatrix} \lambda_I \\ \lambda_{II} \end{pmatrix} = \mu_I \cdot \begin{pmatrix} 2 \\ -1 \end{pmatrix} + \mu_{II} \cdot \begin{pmatrix} 1 \\ -1 \end{pmatrix} \ \text{mit} \ \mu_I, \mu_{II} \in \mathbf{N} \qquad (6.60)$$

darstellen lassen. Für $\mu_I, \mu_{II} \neq 0$ sind dabei die Punkte auf dem Mantel des Kegels ausgenommen. Werden nun die durch Gleichung (6.60) ausgedrückten Beziehungen für λ_I, λ_{II} in Gleichung (6.56) eingesetzt, so erhält man mit

$$\begin{pmatrix} x_1 \\ x_2 \\ x_3 \end{pmatrix} = \begin{pmatrix} 0 \\ 0 \\ 0 \end{pmatrix} + \mu_I \cdot \begin{pmatrix} 5 \\ 2 \\ 0 \end{pmatrix} + \mu_{II} \cdot \begin{pmatrix} 2 \\ 0 \\ 1 \end{pmatrix} \qquad (6.61)$$

eine andere Schreibweise der in Abbildung 6.3 gezeigten Lösungsgesamtheit, wobei die Basisvektoren, die in den Ebenen (x_1, x_2) und (x_1, x_3) liegen, nun keine negativen Komponenten mehr besitzen. Damit sind die Vorzeichen der Lösung durch die der freien Parameter festzulegen; es wird

- mit $\mu_I, \mu_{II} \in \mathbf{N} \setminus \{0\}$ die positive und

- mit $\mu_I, \mu_{II} \in \mathbf{N}$ die nichtnegative

104

ganzzahlige Lösungsgesamtheit ausgedrückt. An Hand der Abbildung 6.4 kann leicht nachvollzogen werden, daß bei einer anderen Begrenzung des Kegels mehr als zwei Basisvektoren erforderlich sein könnten, um alle Rasterpunkte im Innern zu erfassen. Für den allgemeinen Fall wird daher eine Schwierigkeit darin bestehen, eine Linearkombination wie Gleichung (6.60) zu finden, mit der keine Lösungen verloren gehen.

Grundsätzlich rückt die genannte Aufgabenstellung damit in die Nähe linearer Optimierungsprobleme, die nicht selten durch Suchstrategien gelöst werden. Auf diesen Aspekt soll hier jedoch nicht näher eingegangen werden. Weitergehende Ausführungen zur Lösung diophantischer Gleichungssysteme sind z.B. [8],[10],[11],[16], [25],[33] zu entnehmen.

7 Anwendungsbeispiel

7.1 Beispielprozeß

Zur Erläuterung der bisherigen Ausführungen soll im folgenden Kapitel 7 die
in Kapitel 3 beschriebene Vorgehensweise zur Modellierung diskret gesteuerter
Systeme aufgegriffen und für eine komplexere Aufgabenstellung eingesetzt werden. Die Überprüfung und die Korrektur dabei entworfener Petri–Netze werden
durch die in Kapitel 5 und 6 vorgestellten Analyseverfahren unterstützt, wobei
die Methoden der Graphentheorie in Kapitel 7.2 und die der linearen Algebra in
Kapitel 7.3 Anwendung finden. Als Beispiel diene - wie in Abbildung 7.1 skizziert
- ein vereinfacht betrachteter Umschlagbahnhof, in dem drei Portalkrane zeitlich
parallel Container zwischen benachbarten Zügen umladen. Zu erkennen sind die
Portalkrane A, B und C auf gemeinsamer Fahrbahn, die Container von dem Zug
I auf den Zug II transportieren sollen. Dazu können die Portalkrane jeweils einen
Container aufnehmen, zur Zielposition fahren und dort wieder abladen.

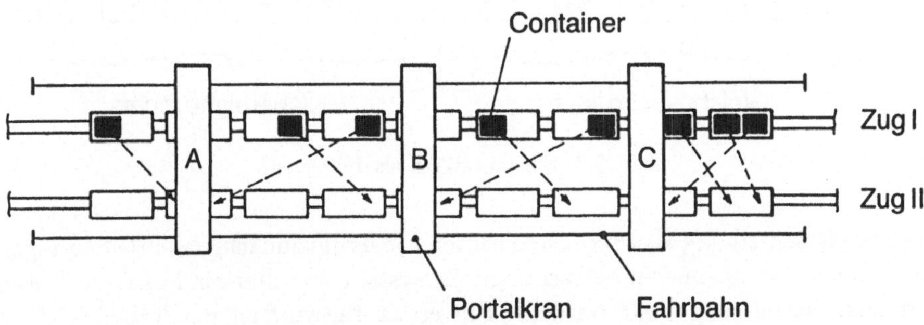

Abb. 7.1: Skizze eines Container–Umschlagbahnhofs

Das hier vorgestellte System ist verklemmungsgefährdet, da nebenläufige (Trans-
port-) Prozesse gemeinsame Betriebsmittel (Gleisbereiche, Container) exklusiv
nutzen. Gesucht ist ein Modell dieser Anlage in Form eines Petri–Netzes, welches
als Grundlage für eine verklemmungsfreie Steuerung eingesetzt werden kann.

7.2 Graphentheoretische Analyse eines Teilsystems

Als sinnvolles Vorgehen bei der Behandlung solch komplexer Systeme bewährt sich in Hinblick auf einen effizienten Einsatz der Analyseverfahren,

- zunächst Teilsysteme als Petri–Netze zu modellieren, diese zu überprüfen und ggf. entsprechende Korrekturen vorzunehmen und

- die Teilsysteme durch Abbildung der gemeinsam genutzten Betriebsmittel zu dem Gesamtsystem zusammenzufassen und dessen Funktionsfähigkeit zu verifizieren

Als Teilsystem wird zunächst ein einzelner Portalkran betrachtet, der die genannte Transportaufgabe ausführen soll. Die Fahrbahn wird für die Beschreibung des Portalkrans als endlicher Automat in diskrete Gleisbereiche eingeteilt, was in Abbildung 7.2 dargestellt ist. Aus Gründen der Übersichtlichkeit wurde hier eine grobe (allerdings leicht zu verfeinernde) Aufteilung in nur zwölf Gleisbereiche gewählt, wobei jeweils ein Gleisbereich von dem Portalkran beansprucht wird. Die Position des Portalkrans, d.h. die Anzahl der Gleisbereiche, die links bzw. rechts von ihm liegen, kann nun durch Stellen der Kapazität $\kappa = 11$ beschrieben werden.

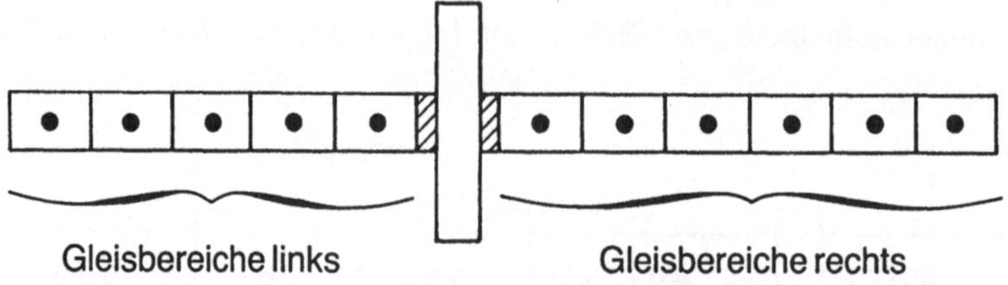

Abb. 7.2: Ein Portalkran als Teilsystem

Vor der Beschreibung als Petri–Netz sollten wiederum zunächst alle Bedingungen und Ereignisse, die in dem betrachteten Teilsystem enthalten sind bzw. auftreten können, zusammengestellt werden. Ein erster Entwurf ist der Tabelle 7.1 zu entnehmen. Die hierin enthaltenen Verknüpfungen werden auch durch das Petri–Netz in Tabelle 7.2a wiedergegeben. Die gewählte Anfangsmarkierung drückt aus, daß der Portalkran auf Befehle wartet und unbeladen ist. Seine Position entspricht der auf Abbildung 7.2 angedeuteten.

Ausgehend von der Anfangsmarkierung können in dem Petri–Netz in Tabelle 7.2a alle die zuvor zusammengestellten Ereignisse eintreten, wobei das Netz durch eine entsprechende Schaltsequenz (z.B. $\sigma = t_1, t_2, t_6, t_7, t_3, t_4, t_5, t_7$) auch wieder in sei-

Tabelle 7.1: Bedingungen und Ereignisse des Teilsystems Portalkran

Ereignis	Vorbedingung	Nachbedingung
1	1	3
2	3,7	1,8
3	1	4
4	4,8	1,7
5	1,5	2,6
6	1,6	2,5
7	2	1

Ereignisse (Transitionen)
1(3): Start des Fahrens nach links (rechts)
2(4): Ende des Fahrens nach links (rechts)
5   : Start des Abladens eines Containers
6   : Start des Aufladens eines Containers
7   : Ende des Auf- bzw. Ablades eines Containers

Bedingungen (Stellen)
1   : Portalkran wartet auf Befehle
2   : Portalkran lädt Container auf bzw. ab
3(4): Portalkran fährt nach links (rechts)
5   : Portalkran ist mit einem Container beladen
5   : Portalkran ist unbeladen
7(8): Gleisbereiche links (rechts) vom Portalkran frei

nen Anfangszustand überführt werden kann. Obwohl diese ersten Versuche die Fehlerfreiheit des Netzes vermuten lassen, so zeigt das in Abbildung 7.3 dargestellte Ergebnis einer Analyse des Erreichbarkeitsgraphen, daß das Netz nicht lebendig ist. Die Kondensation des Erreichbarkeitsgraphen besitzt offenbar vier Senken $K_2, \ldots, K_5$, die keine Transitionen enthalten und somit mögliche totale Verklemmungen repräsentieren (vgl. auch Tabelle 7.2b). Ihnen entsprechen die vier toten Markierungen

$$
m_2 = \begin{pmatrix} 0 \\ 0 \\ 1 \\ 0 \\ 1 \\ 0 \\ 0 \\ 11 \end{pmatrix}, m_3 = \begin{pmatrix} 0 \\ 0 \\ 1 \\ 0 \\ 0 \\ 1 \\ 0 \\ 11 \end{pmatrix}, m_4 = \begin{pmatrix} 0 \\ 0 \\ 0 \\ 1 \\ 1 \\ 0 \\ 11 \\ 0 \end{pmatrix}, m_5 = \begin{pmatrix} 0 \\ 0 \\ 0 \\ 1 \\ 0 \\ 1 \\ 11 \\ 0 \end{pmatrix}.
$$

$$\tag{7.1}$$

Tabelle 7.2: Petri–Netze für ein Teilsystem und deren graphentheoretische Analyse

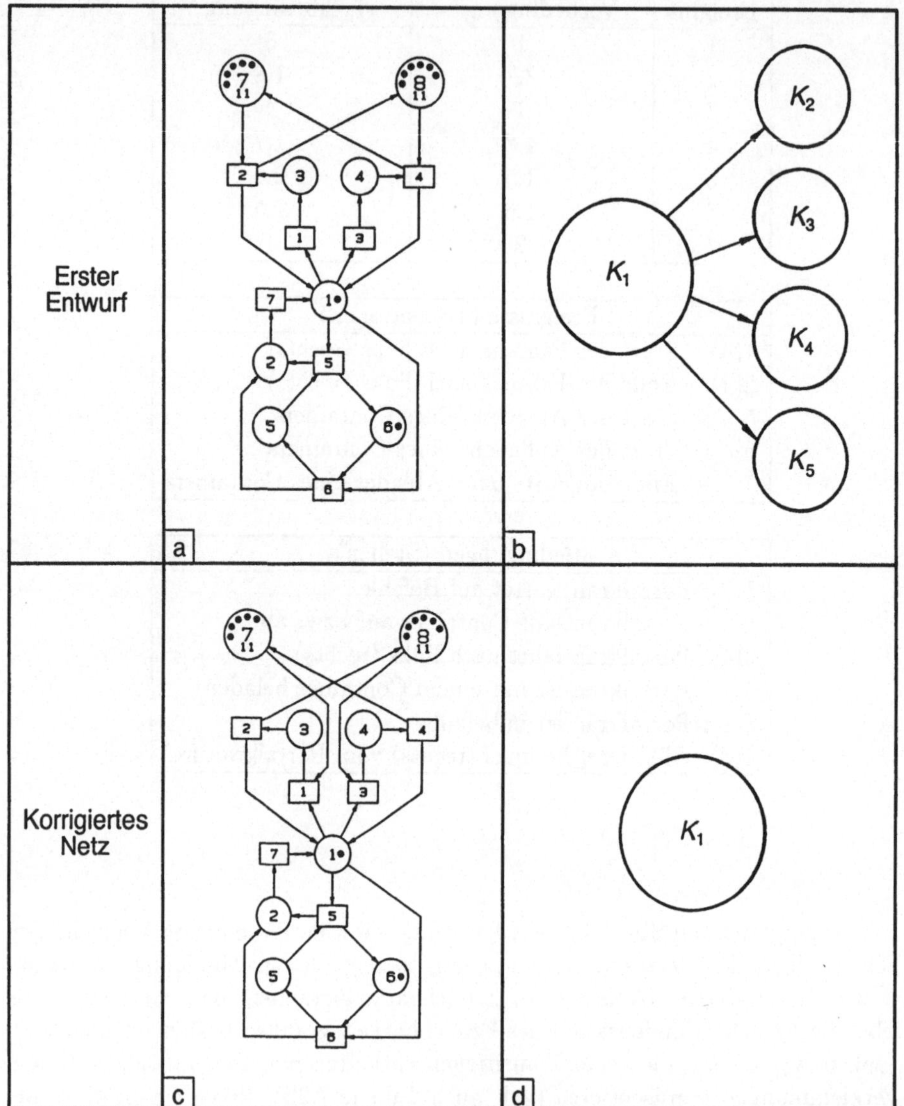

```
Kondensation des Erreichbarkeitsgraphen:
==========================================

    +----+              +----+
    ! K1 ! --- T1 --> ! K2 !
    !    !              +----+
    !    !
    !    !              +----+
    !    ! --- T1 --> ! K3 !
    !    !              +----+
    !    !
    !    !              +----+
    !    ! --- T3 --> ! K4 !
    !    !              +----+
    !    !
    !    !              +----+
    !    ! --- T3 --> ! K5 !
    +----+              +----+


Die starke Komponente K1 ist lebendig.
          ==         ========

Die starke Komponente K2 ist eine nicht-lebendige Senke;
          ==               ================
    es fehlen die Transitionen :   1  2  3  4  5  6  7 .

Die starke Komponente K3 ist eine nicht-lebendige Senke;
          ==               ================
    es fehlen die Transitionen :   1  2  3  4  5  6  7 .

Die starke Komponente K4 ist eine nicht-lebendige Senke;
          ==               ================
    es fehlen die Transitionen :   1  2  3  4  5  6  7 .

Die starke Komponente K5 ist eine nicht-lebendige Senke;
          ==               ================
    es fehlen die Transitionen :   1  2  3  4  5  6  7 .


Das Petri-Netz ist nicht lebendig.
==================================
```

Abb. 7.3: Kondensierter Erreichbarkeitsgraph des Netzes von Tabelle 7.2a

Die Interpretation dieser Ergebnisse zeigt, daß das System in einem Verklemmungszustand geraten kann, wenn sich der Portalkran ganz links oder ganz rechts befindet und dann nicht ausführbare Fahrbefehle (Transition t_1 bzw. t_3) erhält. Der in diesem Netz enthaltene Entwurfsfehler liegt darin begründet, daß ein Vorgang (Fahren) gestartet werden kann, ohne die dafür notwendigen Betriebsmittel (Gleisbereiche) zu reservieren.

```
Kondensation des Erreichbarkeitsgraphen:
==========================================


    +----+
    ! K1 !
    +----+


Die starke Komponente K1 ist lebendig.
          ==         ========


Das Petri-Netz ist lebendig.
============================
```

Abb. 7.4: Kondensierter Erreichbarkeitsgraph des Netzes von Tabelle 7.2c

In Tabelle 7.2c ist das daraufhin korrigierte Petri–Netz dargestellt, das sich von dem ersten Entwurf in der Zuteilung der Gleisbereiche unterscheidet. Das Ergebnis einer erneuten Analyse des Erreichbarkeitsgraphen in Abbildung 7.4 weist die Lebendigkeit des korrigierten Netzes nach (vgl. auch Tabelle 7.2d). Da der Erreichbarkeitsgraph stark zusammenhängt, folgt mit Satz 5.2 zudem die Reversibilität dieses Petri–Netzes.

7.3 Algebraische Analyse des Gesamtsystems

Aufbauend auf dem korrigierten Netzmodell *eines* Portalkrans in Tabelle 7.2c kann nun die Synthese eines Modells für den in Abbildung 7.1 skizzierten Container-Umschlagbahnhof mit *drei* Portalkranen erfolgen. Die Kopplung der drei gleichartigen Teilsysteme wird dabei durch die Abbildung gemeinsam genutzter Betriebsmittel verwirklicht.

Zunächst wird mit dem Petri–Netz in Abbildung 7.5 diejenige Kopplung der Teilsysteme berücksichtigt, die aus der Nutzung einer gemeinsamen Fahrbahn hervorgeht. Die vier Stellen der Kapazität $\kappa = 9$ repräsentieren die Anzahl der freien Gleisbereiche zwischen zwei Portalkranen bzw. zwischen einem äußeren Portalkran und dem Gleisende.

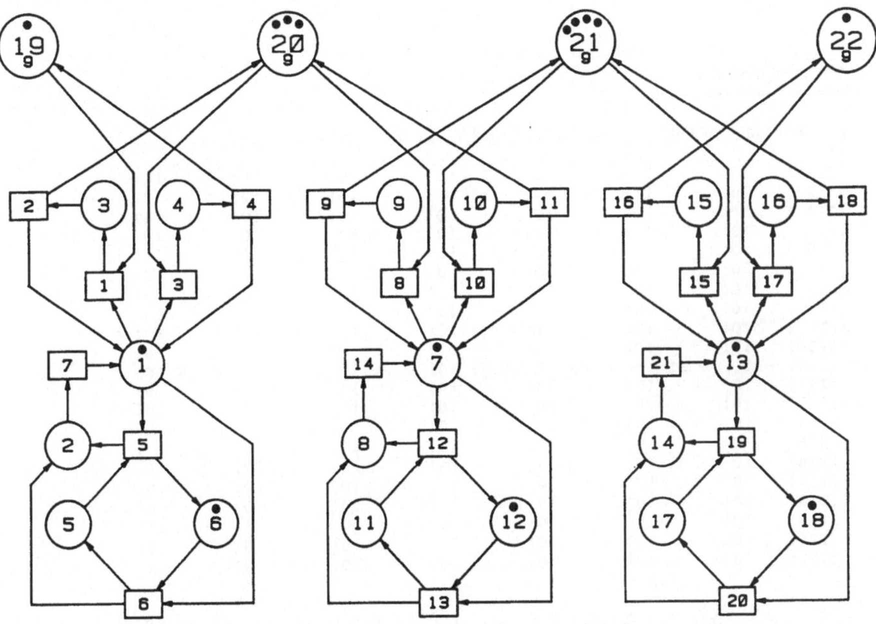

Abb. 7.5: Petri–Netz für drei Portalkrane auf gemeinsamer Fahrbahn

Ein Einblick in das dynamische Verhalten dieses Netzes wird mit der Berechnung der S– und T–Invarianten ermöglicht. Das Ergebnis dieser algebraischen Analyse ist in Abbildung 7.6 enthalten. Die Interpretation der Netzinvarianten wird durch eine Übertragung in das Petri–Netz erleichtert; dieses ist in Tabelle 7.3 geschehen. Auch hier wird deutlich, daß die S–Invarianten gleichartige Objekte des modellierten Systems zusammenfassen. Stellen, die in mehr als einer S–

```
S-INVARIANTEN:
==============

P - FREIER PARAMETER (BELIEBIGE GANZE ZAHL: ...,-2,-1,0,1,2,...)

!IS1 !    !0!       !0!       !1!       !0!       !0!       !0!       !0!       !0!
!IS2 !    !0!       !0!       !1!       !0!       !0!       !0!       !0!       !0!
!IS3 !    !0!       !1!       !1!       !0!       !0!       !0!       !0!       !0!
!IS4 !    !0!       !1!       !1!       !0!       !0!       !0!       !0!       !0!
!IS5 !    !0!       !0!       !0!       !0!       !0!       !1!       !0!       !0!
!IS6 !    !0!       !0!       !0!       !0!       !0!       !1!       !0!       !0!
!IS7 !    !0!       !0!       !0!       !1!       !0!       !0!       !0!       !0!
!IS8 !    !0!       !0!       !0!       !1!       !0!       !0!       !0!       !0!
!IS9 !    !0!       !1!       !0!       !1!       !0!       !0!       !0!       !0!
!IS10!    !0!       !1!       !0!       !1!       !0!       !0!       !0!       !0!
!IS11! =  !0! + P1  !0! + P2  !0! + P3  !0! + P4  !0! + P5  !0! + P6  !1! + P7  !0!
!IS12!    !0!       !0!       !0!       !0!       !0!       !0!       !1!       !0!
!IS13!    !0!       !0!       !0!       !0!       !1!       !0!       !0!       !0!
!IS14!    !0!       !0!       !0!       !0!       !1!       !0!       !0!       !0!
!IS15!    !0!       !1!       !0!       !0!       !1!       !0!       !0!       !0!
!IS16!    !0!       !1!       !0!       !0!       !1!       !0!       !0!       !0!
!IS17!    !0!       !0!       !0!       !0!       !0!       !0!       !0!       !0!
!IS18!    !0!       !0!       !0!       !0!       !0!       !0!       !0!       !1!
!IS19!    !0!       !1!       !0!       !0!       !0!       !0!       !0!       !1!
!IS20!    !0!       !1!       !0!       !0!       !0!       !0!       !0!       !0!
!IS21!    !0!       !1!       !0!       !0!       !0!       !0!       !0!       !0!
!IS22!    !0!       !1!       !0!       !0!       !0!       !0!       !0!       !0!


T-INVARIANTEN:
==============

P - FREIER PARAMETER (BELIEBIGE NATUERLICHE ZAHL: 0,1,2,...)

!IT1 !    !0!       !1!       !0!       !0!       !0!       !0!       !0!
!IT2 !    !0!       !1!       !0!       !0!       !0!       !0!       !0!
!IT3 !    !0!       !1!       !0!       !0!       !0!       !0!       !0!
!IT4 !    !0!       !1!       !0!       !0!       !0!       !0!       !0!
!IT5 !    !0!       !0!       !0!       !0!       !1!       !0!       !0!
!IT6 !    !0!       !0!       !0!       !0!       !1!       !0!       !0!
!IT7 !    !0!       !0!       !0!       !0!       !2!       !0!       !0!
!IT8 !    !0!       !0!       !1!       !0!       !0!       !0!       !0!
!IT9 !    !0!       !0!       !1!       !0!       !0!       !0!       !0!
!IT10!    !0!       !0!       !1!       !0!       !0!       !0!       !0!
!IT11! =  !0! + P1  !0! + P2  !1! + P3  !0! + P4  !0! + P5  !0! + P6  !0!
!IT12!    !0!       !0!       !0!       !0!       !0!       !1!       !0!
!IT13!    !0!       !0!       !0!       !0!       !0!       !1!       !0!
!IT14!    !0!       !0!       !0!       !0!       !0!       !2!       !0!
!IT15!    !0!       !0!       !0!       !1!       !0!       !0!       !0!
!IT16!    !0!       !0!       !0!       !1!       !0!       !0!       !0!
!IT17!    !0!       !0!       !0!       !1!       !0!       !0!       !0!
!IT18!    !0!       !0!       !0!       !1!       !0!       !0!       !0!
!IT19!    !0!       !0!       !0!       !0!       !0!       !0!       !1!
!IT20!    !0!       !0!       !0!       !0!       !0!       !0!       !1!
!IT21!    !0!       !0!       !0!       !0!       !0!       !0!       !2!
```

Abb. 7.6: S– und T–Invarianten des Netzes von Abbildung 7.5

Tabelle 7.3: Algebraische Analyse des Netzes von Abbildung 7.5

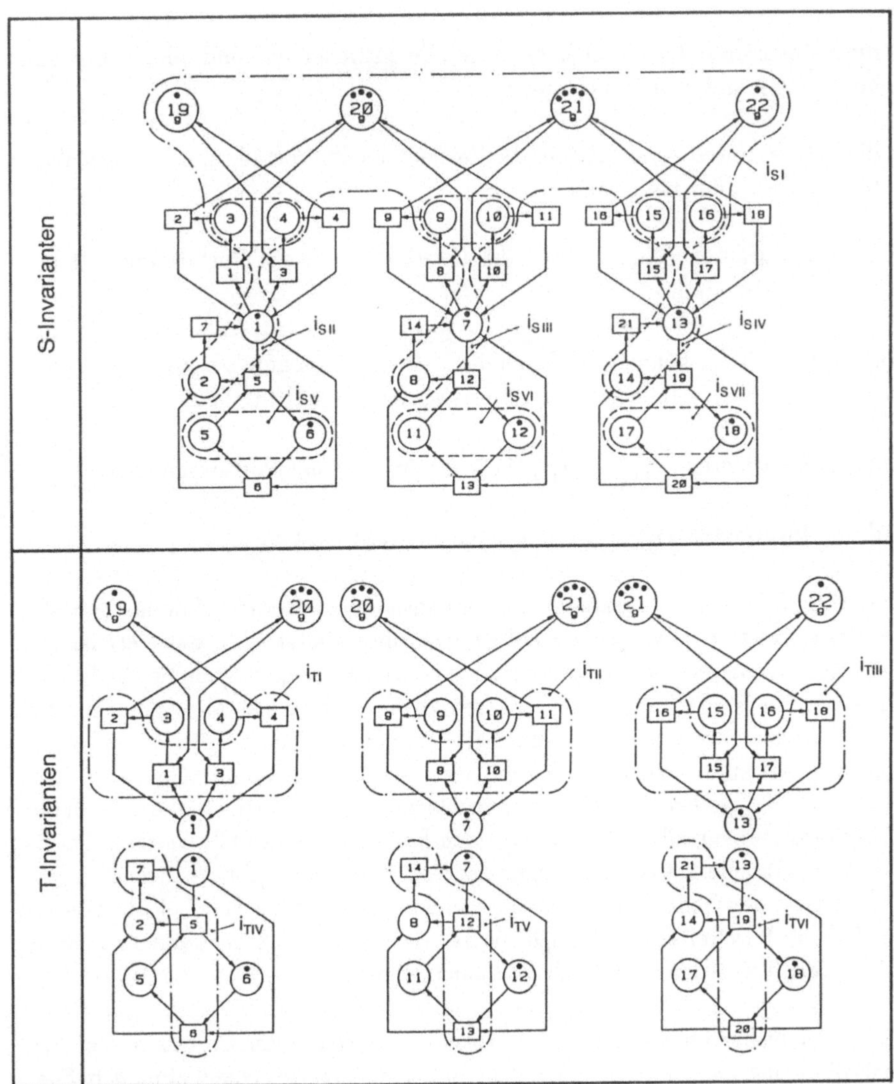

114

Invarianten enthalten sind, können demzufolge unterschiedlich interpretiert werden. So repräsentieren

- die S–Invariante I_{SI} die *Gleisbereiche*, die entweder frei sind oder von einem der Portalkrane beansprucht werden,

- die S–Invarianten $I_{SII}, \ldots, I_{SIV}$ die *Tätigkeiten* der Portalkrane, nämlich Warten, Fahren, oder Laden und

- die S–Invarianten $I_{SV}, \ldots, I_{SVII}$ die *Beladezustände* der Portalkrane, die be- oder entladen sind.

Auf ähnliche Weise können die durch die T–Invarianten aufgezeigten (möglicherweise) reversiblen Teilnetze interpretiert werden. Es beschreiben

- die T–Invarianten $I_{TI}, \ldots, I_{TIII}$ die *Fahrvorgänge* der Portalkrane und

- die T–Invarianten $I_{TIV}, \ldots, I_{TVI}$ deren *Ladeaktivitäten*.

Aus Abbildung 7.6 bzw. Tabelle 7.3 kann entnommen werden, daß das betrachtete Petri–Netz auch eine *echt positive* Invariante besitzt (d.h. das Netz ist mit T–Invarianten überdeckt), womit nach Satz 6.3 eine Voraussetzung für die Lebendigkeit erfüllt ist. In Kapitel 6 wurde bereits die Problematik angesprochen, daß dieser Satz lediglich ein notwendiges Kriterium für die Lebendigkeit eines Netzes beinhaltet. Nun ermöglicht jedoch die durch die T–Invarianten aufgezeigte Aufspaltung eines großen Netzes in mehrere kleine, auch die Hinlänglichkeit dieses Kriteriums zu beurteilen. Im vorliegenden Fall kann festgestellt werden, daß jedes der in Tabelle 7.3 (unten) abgegrenzten, leicht zu überblickenden Teilnetze unter der vorgegebenen Anfangsmarkierung auch wirklich reversibel ist. Weiterhin folgt mit Definition 2.11 auch die Lebendigkeit des Netzes von Abbildung 7.5, da alle Transitionen stets aktivierbar bleiben.

Außer der bisher im Modell berücksichtigten *Fahrbahn* der Portalkrane stellen auch die *Container* und die freien *Ladeplätze* der im Umschlagbahnhof befindlichen Züge gemeinsam zu nutzende Betriebsmittel dar. Diese können in einem ersten Schritt - wie in Abbildung 7.7 gezeigt - in dem Netzmodell durch Stellen abgebildet werden, die mit den Auf- bzw. Abladetransitionen der Teilsysteme verbunden sind; so werden

- mit der Stelle s_{23} der Zug *I*, welcher mit acht Containern beladen ist, und

- mit der Stelle s_{24} der noch leere Zug *II*, auf den die Container umzuladen sind,

berücksichtigt (vgl. Skizze des Umschlagbahnhofs in Abbildung 7.1). Jeder

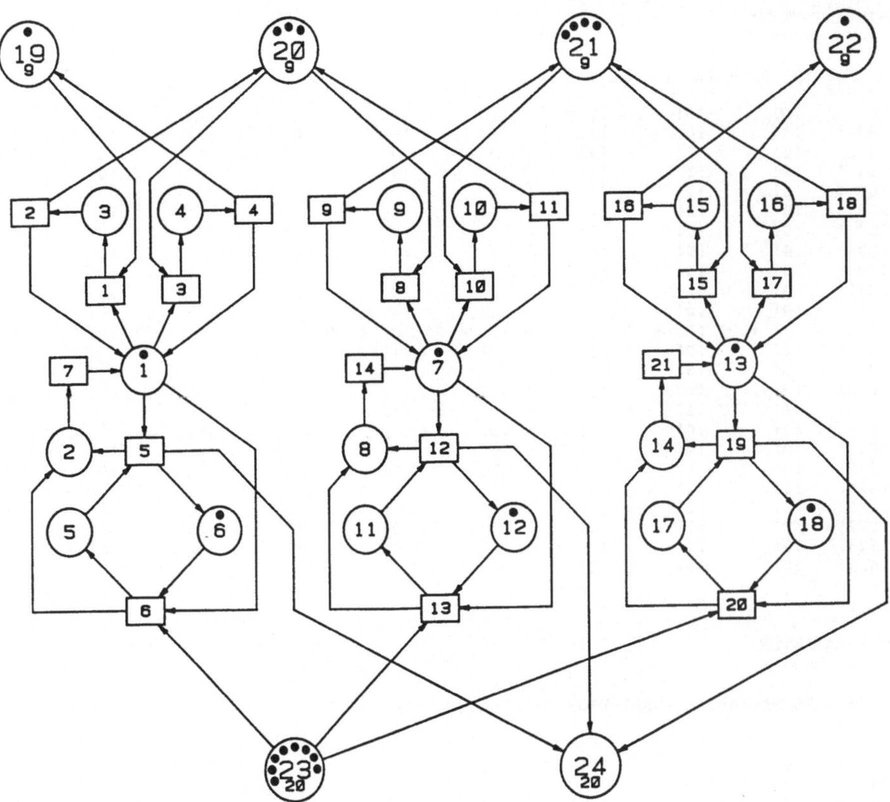

Abb. 7.7: Petri-Netz für den in Abbildung 7.1 skizzierten Container-Umschlagbahnhof

Auf- und Abladevorgang eines der Portalkrane führt nun dazu, daß eine Marke von s_{23} nach s_{24} transferiert wird. Eine Ermittlung der Invarianten, welche in Abbildung 7.8 wiedergegeben sind, zeigt die durch die zusätzlichen Stellen s_{23} und s_{24} bedingte Veränderung des dynamischen Netzverhaltens auf.

Im Vergleich zu Abbildung 7.6 fällt auf, daß die Integration der Züge den Gewinn einer weiteren S-Invariante und den Verlust von drei T-Invarianten bewirkt. Zur Veranschaulichung dessen sind wiederum die Invarianten in das Petri-Netz zu übertragen, was in Tabelle 7.4 geschehen ist.

Aus dieser Darstellung gehen die Unterschiede des dynamischen Verhaltens gegenüber dem Netz von Abbildung 7.5 hervor. Es entsprechen

- die zusätzliche S-Invariante I_{SVIII} den Containern, die sich entweder auf dem Zug I, auf einem der Portalkrane oder auf dem Zug II befinden, und

- der Wegfall der T-Invarianten $I_{TIV}, \ldots, I_{TVI}$ dem Verlust derjenigen reversiblen Teilnetze, die die Ladeaktivitäten der Portalkrane beschrieben.

Aufgrund der Invarianten kann bereits entschieden werden, daß das betrachtete Petri-Netz nicht (mehr) lebendig ist, da keine echt positive T-Invariante exi-

S-INVARIANTEN:
==============

P - FREIER PARAMETER (BELIEBIGE GANZE ZAHL: ...,-2,-1,0,1,2,...)

```
!IS1 !   !0!      !0!      !1!      !0!      !0!      !0!      !0!      !0!      !0!
!IS2 !   !0!      !0!      !1!      !0!      !0!      !0!      !0!      !0!      !0!
!IS3 !   !0!      !1!      !1!      !0!      !0!      !0!      !0!      !0!      !0!
!IS4 !   !0!      !1!      !1!      !0!      !0!      !0!      !0!      !0!      !0!
!IS5 !   !0!      !0!      !0!      !0!      !0!      !1!      !0!      !0!      !1!
!IS6 !   !0!      !0!      !0!      !0!      !0!      !1!      !0!      !0!      !0!
!IS7 !   !0!      !0!      !0!      !1!      !0!      !0!      !0!      !0!      !0!
!IS8 !   !0!      !0!      !0!      !1!      !0!      !0!      !0!      !0!      !0!
!IS9 !   !0!      !1!      !0!      !1!      !0!      !0!      !0!      !0!      !0!
!IS10!   !0!      !1!      !0!      !1!      !0!      !0!      !0!      !0!      !0!
!IS11!   !0!      !0!      !0!      !0!      !0!      !0!      !1!      !0!      !1!
!IS12! = !0! + P1 !0! + P2 !0! + P3 !0! + P4 !0! + P5 !0! + P6 !1! + P7 !0! + P8 !0!
!IS13!   !0!      !0!      !0!      !0!      !1!      !0!      !0!      !0!      !0!
!IS14!   !0!      !0!      !0!      !0!      !1!      !0!      !0!      !0!      !0!
!IS15!   !0!      !1!      !0!      !0!      !1!      !0!      !0!      !0!      !0!
!IS16!   !0!      !1!      !0!      !0!      !1!      !0!      !0!      !0!      !0!
!IS17!   !0!      !0!      !0!      !0!      !0!      !0!      !0!      !1!      !1!
!IS18!   !0!      !0!      !0!      !0!      !0!      !0!      !0!      !1!      !0!
!IS19!   !0!      !1!      !0!      !0!      !0!      !0!      !0!      !0!      !0!
!IS20!   !0!      !1!      !0!      !0!      !0!      !0!      !0!      !0!      !0!
!IS21!   !0!      !1!      !0!      !0!      !0!      !0!      !0!      !0!      !0!
!IS22!   !0!      !1!      !0!      !0!      !0!      !0!      !0!      !0!      !0!
!IS23!   !0!      !0!      !0!      !0!      !0!      !0!      !0!      !0!      !1!
!IS24!   !0!      !0!      !0!      !0!      !0!      !0!      !0!      !0!      !1!
```


T-INVARIANTEN:
==============

P - FREIER PARAMETER (BELIEBIGE NATUERLICHE ZAHL: 0,1,2,...)

```
!IT1 !   !0!      !1!      !0!      !0!
!IT2 !   !0!      !1!      !0!      !0!
!IT3 !   !0!      !1!      !0!      !0!
!IT4 !   !0!      !1!      !0!      !0!
!IT5 !   !0!      !0!      !0!      !0!
!IT6 !   !0!      !0!      !0!      !0!
!IT7 !   !0!      !0!      !0!      !0!
!IT8 !   !0!      !0!      !1!      !0!
!IT9 !   !0!      !0!      !1!      !0!
!IT10!   !0!      !0!      !1!      !0!
!IT11! = !0! + P1 !0! + P2 !1! + P3 !0!
!IT12!   !0!      !0!      !0!      !0!
!IT13!   !0!      !0!      !0!      !0!
!IT14!   !0!      !0!      !0!      !0!
!IT15!   !0!      !0!      !0!      !1!
!IT16!   !0!      !0!      !0!      !1!
!IT17!   !0!      !0!      !0!      !1!
!IT18!   !0!      !0!      !0!      !1!
!IT19!   !0!      !0!      !0!      !0!
!IT20!   !0!      !0!      !0!      !0!
!IT21!   !0!      !0!      !0!      !0!
```

Abb. 7.8: S- und T-Invarianten des Netzes von Abbildung 7.7

stiert. Überlegungen, die den vorangegangenen ähnlich sind, weisen nach, daß
in dem Netz dennoch keine totale Verklemmung auftreten kann, da die verbleibenden Teilnetze in Tabelle 7.4 (unten) bei der vorliegenden Anfangsmarkierung
reversibel sind. Nach dem irreversiblen Umladen der Container liegt demnach
in dem Netz eine partielle Verklemmung vor, in der keinerlei Ladeaktivitäten
mehr ausgeübt werden können, die Fahrvorgänge der Portalkrane jedoch weiterhin möglich sind. Für die Anwendung des Netzmodells ergibt sich damit die
Konsequenz, zum Start eines Umschlagprogramms (d.h. nach Einfahrt der Züge)

Tabelle 7.4: Algebraische Analyse des Netzes von Abbildung 7.7

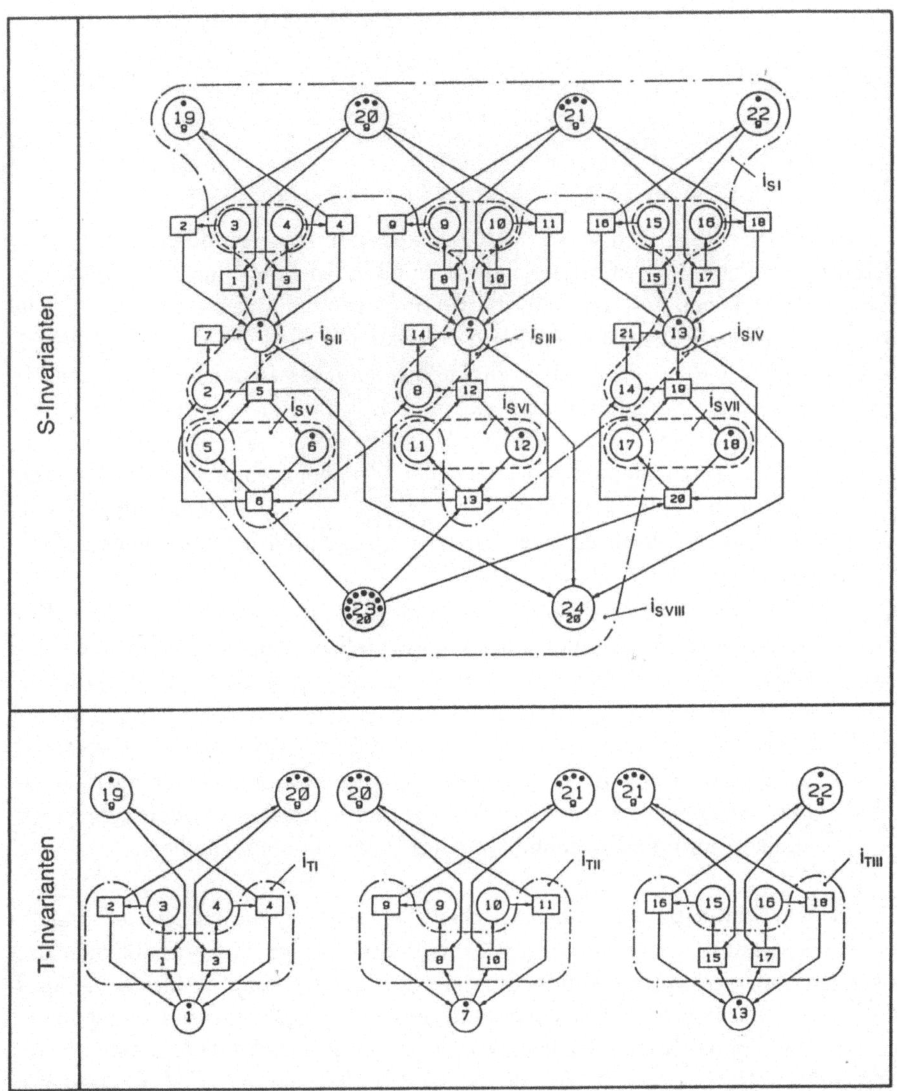

stets die Anfangsmarkierung der Stellen s_{23} und ggf. auch s_{24} zu initialisieren. Alternativ dazu müßte das Netz sinngemäß erweitert werden, um die Marken diesen Stellen zuführen bzw. entziehen zu können.

Die gleichartigen Teilsysteme, welche die in dem vorliegenden Kapitel 7.3 behandelten Petri–Netze aufweisen, lassen nach Kapitel 3.4 auch die sinnvolle Verwendung einer Netzklasse mit individuellen Marken zu. Es wird daher abschließend auf einen Aufsatz [38] hingewiesen, in dem das zuvor erarbeitete S/T–Netzmodell eines Container–Umschlagbahnhofs aufgegriffen und durch Verwendung einer höheren Netzklasse reduziert wurde.

8 Zusammenfassung und Ausblick

Mit dem vorgelegten Buch wurden Möglichkeiten aufgezeigt, diskret gesteuerte Systeme mit Petri–Netzen zu modellieren und hinsichtlich ihrer dynamischen Eigenschaften zu analysieren. Für bestimmte Anwendungen erwiesen sich die Modellierungsmöglichkeiten spezieller Netzklassen, wie z.B. die der *Free–Choice–Netze*, die einer bequemen Analyse zugänglich sind, als ausreichend. Jedoch offenbarte gerade die Modellbildung verklemmungsgefährdeter Systeme die Grenzen dieser Netzklassen, so daß die Analyse allgemeiner S/T–Netze behandelt werden mußte. Dazu dienten Methoden der Graphentheorie und der linearen Algebra, wobei in beiden Fällen deutlich wurde, daß die Anwendung der z.T. aufwendigen Analyseverfahren einer Unterstützung durch Digitalrechner bedarf.

Die graphentheoretische Analyse zeigte sich als sehr aussagekräftig - auch in Hinblick auf detaillierte Fragestellungen. Als Nachteil ist jedoch eine Schwerfälligkeit in der dazu erforderlichen Konstruktion u.U. recht umfangreicher Graphen zu nennen. Die graphentheoretischen Verfahren eignen sich daher besonders zur Analyse kleinerer - ggf. auch hierarchisch verknüpfter - Teilsysteme. Aufbauend auf der Kondensation des Erreichbarkeitsgraphen, die dessen Zusammenhangseigenschaften wiedergibt, wurden *notwendige und hinreichende* Bedingungen für die Lebendigkeit und die Reversibilität eines Petri–Netzes formuliert.

Für die Durchführung einer algebraischen Netzanalyse, die auf der Lösung linearer Gleichungssysteme beruht, stellte die Forderung nach Ganzzahligkeit der Lösungen eine wesentliche Randbedingung dar. Daher konnten hier keine konventionellen Lösungsverfahren eingesetzt werden und es wurden Überlegungen zur Lösung diophantischer Gleichungssysteme erforderlich. Die Lösungen der betrachteten Gleichungssysteme, die S- und T-Invarianten, sind weniger zur Beantwortung spezieller Fragestellungen geeignet, sondern zeigen vielmehr generelle, von der Anfangsmarkierung unabhängige dynamische Netzeigenschaften auf. Zum Nachweis der Lebendigkeit und der Reversibilität eines Petri–Netzes bieten die algebraischen Verfahren allerdings nur eingeschränkte Möglichkeiten, da lediglich *notwendige* Kriterien formuliert und überprüft werden können. Jedoch zeigen die T-Invarianten überschaubare Bereiche eines Netzes auf, die als unabhängige Teilnetze zu betrachten sind, womit der Nachweis auch hinreichender Bedingungen erheblich erleichtert wird.

Die Ausführungen zeigten, daß mit Hilfe der Theorie der Petri–Netze leistungsfähige mathematische Beschreibungsformen und Analyseverfahren für Aufgaben der Steuerungstechnik nutzbar gemacht werden können. Die dabei festgestellten Möglichkeiten und Schwierigkeiten dieser Anwendung mögen zu weiterführenden Untersuchungen anregen. Aus der Vielzahl denkbarer Arbeitsschwerpunkte seien hier drei herausgegriffen, die mit den folgenden Stichworten abzugrenzen sind:

- Erreichbarkeit in Vektoradditionssystemen,

- Verwendung höherer Netzklassen,

- Synthese von Steuerungen.

Wie bereits in Kapitel 2.2 angedeutet, besteht hinsichtlich des Erreichbarkeitsproblems eine enge Verwandtschaft zwischen Petri–Netzen und *Vektoradditionssystemen*. Im Laufe der 70er Jahre verfolgten zahlreiche Autoren (z.B. [15],[18], [27],[29],[32],[39]) das Ziel, notwendige und hinreichende Kriterien zur Entscheidung der Erreichbarkeit in Vektoradditionssystemen (auch ohne Auflistung aller erreichbaren Zustände) zu formulieren, bevor dies KOSARAJU [23] im Jahre 1982 gelang. Es liegt daher die Frage nahe, inwieweit Ergebnisse dieser Arbeiten die algebraische Analyse von Petri–Netzen unterstützen oder gar erweitern können.

Bekanntlich werden in den S/T–Netzen, die hier vorrangig betrachtet wurden, Systemzustände durch die Verteilung von "schwarzen", nicht unterscheidbaren Marken beschrieben. Gegen Ende der 70er Jahre wurde aufbauend auf der Syntax der S/T–Netze eine Reihe höherer Petri–Netz–Klassen definiert, in denen *individuelle Marken* die nicht unterscheidbaren ersetzen. Auf die wichtigsten Vertreter dieser Netzklassen, die Prädikat–/Transitionen–Netze (Pr/T–Netze) und die gefärbten Petri–Netze (CP–Netze), welche eine kompaktere Darstellung von S/T–Netzen ermöglichen, wurde in Kapitel 3.4 kurz eingegangen. Hierbei zeigte sich, daß in Netzen dieser Klassen eine Reihe struktureller Merkmale in der Individualität der Marken verborgen bleibt, womit eine Analyse erschwert wird. Es verbleibt zu prüfen, ob die Verwendung höherer Netzklassen für Aufgaben der Steuerungstechnik auch angesichts erschwerter Analysemöglichkeiten Vorteile verspricht.

Nach der Modellbildung und Analyse diskret gesteuerter Systeme liegt die Frage nahe, inwieweit aufgrund der Kenntnis dynamischer Systemeigenschaften die *Synthese einer Steuerung* erfolgen kann. Dabei wird jedoch das Ziel, ähnlich wie zur Reglersynthese ein geschlossenes Verfahren zur Synthese von Steuerungen zu entwickeln, aufgrund der hohen Zahl von Freiheitsgraden, die eine Steuerung bietet, sicherlich nicht erreichbar sein. Es ist jedoch denkbar, aus der Analyse eines Petri–Netz–Modells notwendige Netzkorrekturen und daraus Mindestanforderungen an eine zu entwerfende Steuerung abzuleiten, deren Einhaltung die Verklemmungsfreiheit des gesteuerten Systems garantiert. Aufbauend auf einem solchen Modell könnten dann weitergehende Entwurfsziele, wie beispielsweise die zeitoptimale Prozeßführung, verfolgt werden.

Nachwort

Bei der Analyse von Petri-Netzen wurde deutlich, daß die hierzu einzusetzenden Verfahren - seien es die graphentheoretischen oder die algebraischen - erheblichen Rechenaufwand verursachen können. Eine sinnvolle Anwendung dieser Verfahren erfordert daher den Einsatz von Digitalrechnern.

Eine entsprechendes Programmpaket, in dem die zuvor beschriebenen Analyse-verfahren weitgehend umgesetzt worden sind, entstand in dem bereits im Vorwort genannten Hochschulinstitut. Dieses Programmpaket, welches auf Personalcom-putern des AT-Standards lauffähig ist, umfaßt

- einen graphischen Editor zur Eingabe von Petri-Netzen (S/T-Netze),

- ein Simulationsmodul zur Animation (Markenspiel),

- ein Modul zur graphentheoretischen Analyse (Konstruktion und Kondensation des Erreichbarkeitsgraphen), sowie

- ein Modul zur algebraischen Analyse (Ermittlung von S- und T-Invarianten).

Interessenten wenden sich bitte direkt an das

Institut für Regelungstechnik
der RWTH Aachen
Steinbachstraße 54
D-5100 Aachen .

Dem Leser, der an der Theorie der Petri-Netze Gefallen gefunden hat, sei dieses Programmpaket als Ergänzung des vorgelegten Buches empfohlen.

Formelzeichen

Petri–Netze

S	Stellenmenge
s_i	Stelle
T	Transitionenmenge
$t_j; \boldsymbol{t_j}$	Transition; Transitionsvektor
F	Kantenmenge (Flußrelation)
$(s_i, t_j); (t_j, s_i)$	Kante
$N; \boldsymbol{N}$	Petri–Netz; Netzmatrix
$K(s_i); \boldsymbol{\kappa}$	Kapazität einer Stelle; Kapazitätsvektor
$W(s_i, t_j)$	Gewicht einer Kante
$M(s_i); \boldsymbol{m}$	Markierung einer Stelle; Markierungsvektor
$M'(s_i); \boldsymbol{m'}$	Folgemarkierung; Folgemarkierungsvektor
$\bullet x$	Vorbereich des Knotens x
$x \bullet$	Nachbereich des Knotens x
σ	Schaltsequenz
$\boldsymbol{v}$	Schalthäufigkeitsvektor
E_N	Erreichbarkeitsgraph des Netzes N
U_N	Überdeckungsgraph des Netzes N
$\boldsymbol{i_S}; I_S$	S–Invariante
$\boldsymbol{i_T}; I_T$	T–Invariante

Mengen

$\mathbf{N}$	Menge der natürlichen Zahlen $\{0, 1, 2, \ldots\}$
$\mathbf{Z}$	Menge der ganzen Zahlen $\{\ldots, -1, 0, 1, \ldots\}$
$\mathbf{N}^n; (\mathbf{Z}^n)$	Menge der n–Tupel aus nat. (ganzen) Zahlen
$\{\ \}$	leere Menge
$\{x \mid \ldots\}$	Menge der Elemente x, für die $\ldots$ gilt
$|C|$	Anzahl der Elemente einer Menge C
$\in; \notin$	Element von; kein Element von

$\subseteq (\subset); \not\subseteq (\not\subset)$	(echte) Teilmenge; keine (echte) Teilmenge
$\cup; \cap$	Vereinigungsmenge; Schnittmenge
$\setminus$	Differenzmenge
$\times$	Produktmenge

Aussagenlogik

$\exists\ldots; \not\exists\ldots$	für ein … gilt; für kein … gilt
$\forall\ldots; \not\forall\ldots$	für alle … gilt; nicht für alle … gilt
$\vee; \wedge$	logisches "oder"; logisches "und"
$\Rightarrow; \Leftrightarrow$	Implikation; Äquivalenz

Automatentheorie

$\mathcal{A}$	Automat
E	Eingabemenge (Eingabealphabet)
A	Ausgabemenge (Ausgabealphabet)
Z, Z_0	Zustandsmenge, Anfangszustand
δ	Zustandsübergangsfunktion

Graphentheorie

D	Digraph (gerichteter Graph)
$A(D)$	Knotenmenge des Digraphen D
$B(D)$	Kantenmenge des Digraphen D
D^K	Kondensation des Digraphen D

Lineare Algebra

$a; A$	Vektor; Matrix
$a^T; A^T$	transponierter Vektor; transponierte Matrix
A^{-1}	inverse Matrix
$Rg(A)$	Rang einer Matrix
$det(A)$	Determinante einer Matrix
(a_i)	i–te Komponente des Vektors a
$a > b$	es gilt $(a_i) > (b_i)$ für alle i
o	Nullvektor
$ggt(a, b)$	größter gemeinsamer Teiler der Zahlen $a, b \in \mathbf{Z}$
$\lfloor a/b \rfloor$	ganzer Wert des Quotienten $a/b; a, b \in \mathbf{Z}$
$mod(a, b)$	ganzer Rest der Division $a/b; a, b \in \mathbf{Z}$

Definitionen und Sätze

Kapitel 5

Kapitel 6

Sachverzeichnis

Literaturverzeichnis

[1] Abel, D.:
Modellbildung und Analyse ereignisorientierter Systeme mit Petri-Netzen.
Fortschritt-Berichte VDI Reihe 8, VDI-Verlag, Düsseldorf 1987

[2] Abel, D.:
Modellbildung und Analyse diskret gesteuerter Systeme mit Petri-Netzen.
Automatisierungstechnik 36 (1988), Heft 12

[3] Abel, D.:
Lösung linearer diophantischer Gleichungssyteme zur Analyse von Petri-Netzen. Automatisierungstechnik 37 (1989), Heft 5

[4] Berge, C.; Ghouila-Houri, A.:
Programme, Spiele, Transportnetze. B.G. Teubner Verlagsgesellschaft, Leipzig 1967

[5] Bronstein, I.N.; Semendjajew, K.A.:
Taschenbuch der Mathematik. B.G. Teubner Verlagsgesellschaft, Leipzig 1967

[6] Busacker, R.G.; Saaty, T.L.:
Endliche Graphen und Netzwerke. R. Oldenbourg Verlag, München 1968

[7] Mc Clellan, J.H.; Rader, C.M.:
Number Theory in Digital Signal Processing. Prentice-Hall Inc., Englewood Cliffs 1979

[8] Chernikov, S.A.:
Lineare Ungleichungen. VEB Deutscher Verlag der Wissenschaften, Berlin 1971

[9] Dörfler, W.; Mühlbacher, J.:
Graphentheorie für Informatiker. Walter de Gruyter, Berlin 1976

[10] Farkas, J.:
Theorie der einfachen Ungleichungen. Journal für die reine und angewandte Mathematik, Bd. 124 (1901), S. 1-24

[11] Frobenius, G.:
Theorie der linearen Formen mit ganzen Koeffizienten. Journal für die reine und angewandte Mathematik, Bd. 86 (1878), S. 146-208

[12] Genrich, H.J.; Lautenbach, K.:
System Modelling with High–Level Petri–Nets. Theoretical Computer Science 13 (1981), pp. 109-136

[13] Genrich, H.J.; Lautenbach, K.:
The Analysis of Distributed Systems by Means of Predicate/Transition Nets. Lecture Notes in Computer Science 70, Springer–Verlag, Berlin 1979, pp. 123–146

[14] Hack, M.:
Analysis of Production Schemata by Petri Nets. Ph.D.–Thesis, Department of Electrical Engineering, Massachusetts Institute of Technology 1972

[15] Hack, M.:
Decision Problems for Petri Nets and Vector Addition Systems. Computation Structures Group Memo 95, Massachusettes Institut of Technology 1974

[16] Heger, I.:
Über die Auflösung eines Systems von mehreren unbestimmten Gleichungen des ersten Grades in ganzen Zahlen. Denkschr. Akad. Wiss. Wien, Math.–naturw. Kl., Bd. 14 II (1858), S. 1-122

[17] Holt, A.W.; Commoner,F.:
Events and Conditions. Applied Data Research, New York 1970

[18] Hopcroft, P.; Pansiot, J.J.:
On the Reachability Problem for 5–Dimensional–Vector Addition Systems. Theoretical Computer Science 8 (1979), pp. 135-159

[19] Jones, N.; Landweber, L.; Lien, Y.E.:
Complexity of Some Problems in Petri–Nets. Theoretical Computer Science 4 (1977), pp. 277-299

[20] Jensen, K:
Coloured Petri–Nets and the Invariant Method. Theoretical Computer Science 14 (1981), pp. 317-336

[21] Karp, R.M.; Miller R.E.: *Parallel Programm Schemata*. IBM T.J. Watson
Research Center, New York 1968

[22] Knuth, D.E.:
The Art of Computer Programming. Addison–Wesley Publishing Company
1973

[23] Kosaraju, S.R.:
Decidability of Reachability in Vector Addition Systems. Proc. of the 14th
Annual Symposium on Theory of Computing, ACM (1982), pp. 267-281

[24] Kowalsky, H.J.:
Lineare Algebra. Walter de Gruyter, Berlin 1972

[25] Kronecker, L.:
Reduktion der Systeme von n^2 ganzzahligen Elementen. Journal für die reine
und angewandte Mathematik Bd. 107 (1981), S. 135-136

[26] Laugwitz, D.:
Ingenieurmathematik. Bibliographisches Institut, Mannheim 1964

[27] Leeuwen, J.v.:
A Partial Solution to the Reachability Problem for Vector Addition Systems.
Proc. of the 6th Annual Symposium on Theory of Computing, ACM (1974),
pp. 303-309

[28] Lerner, A.Ja.:
Grundzüge der Kybernetik. C.F. Winter'sche Verlaghandlung, Basel 1971

[29] Mayr, E.W.:
An Algrorithm for the General Petri–Net Reachability Problem. Proc. of
the 13th Annual Symposium on Theory of Computing, ACM (1981), pp.
238-246

[30] Merlin, P.M.:
A Study of the Recoverability of Computing Systems. Ph.D.–Thesis, Uni-
versity of California 1974

[31] Mordell, L.J.:
Diophantine Equations. Acadamic Press 1969

[32] Müller, H.:
The Reachability Problem for Vector Additions Systems. Lecture Notes in
Computer Science 188, Springer–Verlag, Berlin 1984

[33] Pascoletti, K.H.:
Diophantische Systeme und Lösungsmethoden zur Bestimmung aller Invarianten in Petri–Netzen. R. Oldenbourg Verlag, München 1986

[34] Peterson, J.-L.:
Petri–Net Theory and the Modelling of Systems. Prentice Hall Inc., Englewood Cliffs 1981

[35] Petri, C.A.:
Kommunikation mit Automaten. Dissertation, Institut für Instrumentelle Mathematik der Universität Bonn 1962

[36] Ramchandani, C.:
Analysis of Asynchronous Concurrent Systems by Petri–Nets. Massachusetts Institute of Technology 1974

[37] Reisig, W.:
Petri–Netze, eine Einführung. Springer–Verlag, Berlin 1982

[38] Reisig, W.:
The Container Crane System. Petri Net Newsletter 34 (1989), Gesellschaft für Informatik, Bonn, pp. 3–9

[39] Sacerdote, G.S.; Tenney, R.L.:
The Decidability of the Reachability Problem for Vector Addition Systems. Proc. of the 9th Annual Symposium on Theory of Computing, ACM (1977), pp. 61-76

[40] Schiffers, M.; Wedde, H.:
Analyzing Program Solutions of Coordinated Problems by CP–Nets. Lecture Notes in Computer Science 64, Springer–Verlag, Berlin 1978, pp. 462–473

[41] Stoer, J.:
Einführung in die Numerische Mathematik. Springer–Verlag, Berlin 1975

[42] Suzuki, I.; Murata, T.:
A Method for Stepwise Refinement and Abstraction of Petri Nets. Journal of Computer and System Sciences 27(1983), pp. 51-76

[43] Ullrich, G.:
Der Entwurf von Steuerstrukturen für parallele Abläufe mit Hilfe von Petri–Netzen. Dissertation, Institut für Informatik der Universität Hamburg 1976

[44] Valette, R.:
Analysis of Petri Nets by Stepwise Refinements. Journal of Computer and System Sciences 18 (1979), pp. 35–46

[45] Zuse, K.:
Petri–Netze aus der Sicht des Ingenieurs. Vieweg Verlag, Braunschweig 1980

K.H. Fasol

Binäre Steuerungstechnik

Eine Einführung

1988. X, 294 S. 207 Abb. Brosch. DM 36,–   ISBN 3-540-50026-X

Inhaltsübersicht: Einführung.– Kombinatorische Schaltungen: Grundzüge der Schaltalgebra. Darstellung von Schaltfunktionen. Minimieren von Schaltfunktionen. Aufbau von Schaltungen aus NAND- und NOR-Elementen. Vermeiden von Fehlschaltungen (Hazards).– Sequentielle Steuerungen: Speicher und Flipflops. Zwangsfolgesteuerungen. Das Entwurfsverfahren von Huffman. Speicherprogrammierbare Steuerungen.– Anhang 1-3.– Literaturverzeichnis.– Sachverzeichnis.– Namenverzeichnis.

Dieses Werk ist aus einer Vorlesung für Maschinenbauer entstanden, wendet sich aber an Studierende aller ingenieurwissenschaftlichen Fachrichtungen; es ist darüber hinaus sehr praxisorientiert geschrieben und unterstützt daher Ingenieure bei der Lösung von Problemen der Automatisierungstechnik.

Nach einer kurzen Einführung werden die Grundlagen der Schaltalgebra ausführlich dargestellt. Diese bilden die Basis für den Entwurf von Speichern und Flipflops und die daraus aufgebauten Schaltungen. Mit diesen Kenntnissen können verbindungsprogrammierte vor allem aber speicherprogrammierbare Zwangsfolge- und Freifolgesteuerungen entworfen werden.

Breiter Raum wird der Programmierung von speicherprogrammierbaren Steuerungen gewidmet. Zahlreiche Übungsaufgaben erleichtern das Verständnis und die Umsetzung für praktische Anwendungen.